U0909176

中国商业出版社

图书在版编目（CIP）数据

中国烹调技法. 热菜篇 / 周忠亭, 钱峰, 张涛主编. -- 北京 : 中国商业出版社, 2023.12

ISBN 978-7-5208-2845-1

Ⅰ. ①中… Ⅱ. ①周… ②钱… ③张… Ⅲ. ①烹饪—方法—中国 Ⅳ. ①TS972.117

中国国家版本馆CIP数据核字(2023)第246951号

责任编辑: 李 飞
（策划编辑: 蔡 凯）

中国商业出版社出版发行
(www.zgsycb.com 100053 北京广安门内报国寺1号)
总编室: 010-63180647 编辑室: 010-83114579
发行部: 010-83120835/8286
新华书店经销
无锡延嘉创意快印有限公司印刷
*
850毫米×1168毫米 16开 30印张 300千字
2023年12月第1版 2023年12月第1次印刷
定价（全三册）: 600.00元
* * * *
(如有印装质量问题可更换)

序

泱泱中华，有着五千多年文明史，从古至今，就以“烹饪王国”之美誉著称于世。中国烹饪在人类历史和现实生活中占有重要的地位，现已走向五大洲、三大洋，成为世界烹饪家园中一个重要的角色。中国烹饪这颗明珠在世界浩瀚的文化宝库中璀璨耀人，光惠众生，普照千秋。

很荣幸也很高兴阅读了《中国烹调技法》之佳作，感慨良多，受益匪浅，并受邀为本书作“序”深感荣幸，如有不足之处，诚望读者海涵！

中国烹饪历史悠久，技艺精湛，经过数千年的发展，当今的中国菜肴不仅是精美食品，在一定意义上也是一种特殊的艺术品。中国烹调是一门科学、一种艺术，是中华民族宝贵文化遗产中一项重要的组成部分。

中华民族几千年在烹调与饮食生活中，经过反复实践总结出来烹调工艺和技术要求，本书又进一步全面、细致、精准、科学地提升了中国烹调菜肴的技艺，从制定菜名到选料，再到烹调技法的确定，以至刀工、配菜、上浆挂糊、滑油、调味、火候、勾芡、成菜直到装盘堪称完美。

《中国烹调技法》充实和彰显了中国菜选料讲究、烹调技法多样、菜肴品种丰富、口味丰富多彩、精于运用火候、讲究盛装器皿的特点。此书是教科书之典范，是烹调走向机器人操作和标准化实施的灯塔。

烹饪不但是一门综合艺术，是人类生存发展的物质源泉。烹饪也是一种大文化，因为烹饪饮食和地理、历史、物产、种族、习俗以及社会科学、自然科学等各个方面都有关联。《中国烹调技法》就是通过烹饪着手来研究人类社会经济与文明，以及专业技能与发展。

《中国烹调技法》书籍充分体现了中国烹饪的博大精深，彰显了作者对中国烹调技术掌握之炉火纯青和对弘扬中国烹饪事业的虔诚与敬业。书中言之有物，图文并茂，理论联系实际，对从事餐饮业同行们有着一定的借鉴和指导意义。

《中国烹调技法》的作者周忠亭、钱峰、张涛三位老师，他们从一名心怀匠心魂的厨师经过多年的淬炼铸就成为匠人，本书也是他们与中成伟业多位老师用匠心心血和汗水浇铸而成的。真可谓“历览《中国烹调技法》书之出版，人间万事出艰辛”。

值此，我对中国餐饮烹饪行业爱岗敬业的企业家，还有在一线工作的大师、名师与精英的献身敬业精神产生敬意，愿隆重地将《中国烹调技法》这本书推荐给大家，希望大家喜欢它，同时共分享。

中国饭店协会资深会长：韩　明

元老级国家注册中国烹饪大师：赵嘉祥

天津烹饪协会首席专家/南开大学副教授：张景双

扬州大学教授、中国烹任协会副会长：周晓燕

二0二三年十一月

编辑委员会

Editorial board

前 言

中国饮食文化源远流长、博大精深，依附着中国传统文化的发展，随着时间逐渐演变形成了中国独有的文化形式。中国饮食文化几千年的传承，造就了自己独特的烹饪技术。

中国饮食文化是一种广视野、深层次、多角度、高品位的悠久区域文化；是中华各族人民在几千年的生产和生活实践中，在食源开发、食具研制、食品调理、营养保健和饮食审美等方面创造、积累并影响周边国家和世界的物质财富及精神财富。

为了让中华饮食文化广为传播及传承，我们特结合我们自身经验及研究成果，对中国的烹调技法进行了分析总结，同时涵盖了菜品烹调的概念讲述、工艺流程、操作要求等，并附有菜品鉴赏、菜品姿造、原理讲解、发展演变等内容，为中国餐饮人对于烹调技法的培训提供教科书，打造菜品烹调技法的标准化。

《中国烹调技法（中餐篇）》主要是从加热工艺、调味工艺、辅助工艺三个方面对中餐烹调进行了深度解析。《中国烹调技法（热菜篇）》全面细致的介绍了各种热菜烹调技法与相关菜品的特点及制作工艺、流程。《中国烹调技法（冷菜篇）》从冷菜的概念和要求、冷菜的制作、冷菜装盘技艺等三个方面进行分析讲解。

我们通过历年来的工作研究和实践经验，编著了《中国烹调技法》这套书籍，希望带给餐饮同行朋友们一些借鉴和参考，让中国的烹调技术形成标准规范，永久流传。

同时感谢中国饭店协会资深会长韩明会长、元老级国家注册中国烹饪大师赵嘉祥先生、扬州大学教授/中国烹饪协会副会长周晓燕先生、天津烹饪协会首席专家/南开大学副教授张景双先生、元老级国家注册中国烹饪大师王献立先生、中国饭店协会名厨委主席石万荣先生、江苏餐饮行业协会会长于学荣先生、新东方烹饪学校徐伟校长，还有此书编写过程中提供建议和帮助的大师名师以及精英们的关心与支持，对他们致以诚挚的谢意和崇高的敬意。

目录 CONTENTS

项目 1　以油为传热介质的烹调工艺 …… 1

任务一　炒 …… 4

任务二　爆 …… 15

任务三　炸 …… 26

任务四　熘 …… 48

任务五　煎 …… 60

任务六　贴 …… 65

任务七　烹 …… 67

任务八　拔丝 …… 71

任务九　㸆 …… 77

项目 2　以水为传热介质的烹调工艺 …… 79

任务一　烧 …… 83

任务二　烩 …… 91

任务三　炖 …… 97

任务四　焖 …… 101

任务五　煨 …… 109

任务六　扒 …… 112

任务七　煮 …… 121

任务八　汆 …… 123

任务九　白灼 …… 124

任务十　涮 …… 125

任务十一　塌 …… 126

任务十二　蜜汁 …… 127

项目 3　以蒸汽为传热介质的烹调工艺 …… 129

任务一　蒸 …… 130

项目 4　以热空气为传热介质的烹调工艺 …… 143

任务一　烤 …… 144

项目 5　以固体为传热介质的烹调工艺 …… 148

任务一　盐焗 …… 149

任务二　石烹 …… 151

任务三　铁板 …… 152

项目 6　以微波及红外线为传热介质的烹调工艺 …… 153

任务一　微波 …… 154

任务二　电磁波、红外线烹法介绍 …… 156

项目 7　其他烹饪工艺 …… 157

任务一　泥烤法 …… 158

任务二　竹烤法 …… 159

项目 8　分子烹饪简介 …… 160

项目1
ITEM ONE
以油为传热介质的烹调工艺

从传热的角度看，传热介质在烹调中的作用是：从受热的锅底吸收热量，使其自身的温度升高，然后把热量传递给温度较低的原料。以油为传热介质，主要是利用油的对流传递热量。油的沸点比水高得多，因此，可以利用的范围比水宽。用油作为传热介质有以下特点。

一、油的沸点高，热量大

油温（一般为200°C~300°C）能达到水温2～3倍的高温，它与食物原料的温差比水与原料的温差大得多，所以食物原料在单位时间内能从高温的油中获得大量的热量，达到快速成熟。

油的沸点比水高，用油导热能使原料缩短加热时间和成熟速度，一方面原料表面吸收大量热量，使表面水分因有足够的蒸发潜热而汽化，水分损失较多；另一方面因加热的时间缩短，原料内部的水分损失较少。正是因为原料内部和表层水分的损失相差比较大，所以能使食物形成外焦里嫩的质感，也使那些质地鲜嫩的原料在加热过程中减少水分的流失，保持了脆爽软嫩的特点。

另外，高温还能使油分子驱散原料表面和内部的水分子，使原料香脆。油脂的热容量是0.49卡/克（1克油脂温度上升1°C所需要吸收的热量称为热容量）。而水的热容量为1卡/克。因此，在热量相等的情况下，油比水上升的温度要高一倍多。油脂在加热过程中，不仅油温上升快，而且上升的幅度也较大；若停止加热或减小火力，其温度下降也较迅速。这样便于烹饪过程中火候的控制和调节。

二、用油导热制作出的菜肴香味浓郁

原料经过油加热处理后，因油温较高，原料中的各种化学成分发生了多种化学反应，产生了呈香物质。动物原料中含有酯、酚、醇等有机物质，加热后能离析逸出，它们与油分子一起散发出来，所以香味较浓。从而使菜肴具有特殊的香味。同时，油脂又是呈香物质的溶剂，因此加热形成的挥发性呈香物质溶解于油脂中，避免呈香物质挥发掉，使菜肴的香气和味道更加柔和协调。

原料中的水分只出不进，呈香、呈味物质浓度增大，原味变得更浓，有些原料还会吸收部分油脂，使菜肴的香气浓郁，风味更美。

三、用油导热制作出的菜肴表面光润柔滑

用油导热制作出的菜肴，油布满菜肴的表面，从而使菜肴表面油亮，这主要是油分子浸润的效果。

四、用油导热还能最大限度地突出原料的本味

这是因为原料中的水分外逸，提高了原料本味的浓度，有些还吸收了一部分油脂。

以油为主要导热体的烹调方法有炒、爆、炸、煎、贴、油浸、油淋等几大类。

Cooking
Craftsmanship

▲避风塘炒蟹

Fresh
Delicious

▲ 热菜烹调

任务一　炒

炒是最基本的一种烹调技术。有诗云：“有生炒来有熟炒，滑炒清炒要记牢。爆炒水炒和煸炒，干炒方法用得少。难度最大数软炒，宫廷炒法有抓炒。小炒技法用得多，一锅成菜味不错。香港炒法避风塘，蒜茸豆豉面包糠。”这是对炒法的简要概括。

炒法最早出现的记载不得而知，至少目前为止还没有比较确凿的说法，在北魏年间的名著《齐民要术》中已经有了“炒令其熟”的相关记载。而到了唐宋时期，菜肴的炒之技法应用得已经非常普遍，并总结出了南炒、假炒、生炒、爆炒等技法。而到了明清以后，炒之技法达到了鼎盛，同时又出现了酱炒、葱炒、烹炒、嫩炒等多达数十种烹饪方法。可以说，自古以来“炒”在烹饪中始终保持着重要的地位。

炒是将经过切配成型的小型烹调原料，用中小油量，采用旺火速成烹制成菜的方法。炒是最基本的热菜烹调方法之一。

炒制的菜肴，汤汁少，味型应用广，菜肴质感多为滑、鲜、嫩、脆。由于炒一般都是旺火速成，在很大程度上保持了原料的营养成分。是中国传统烹调方法之一，烹制食物时，锅内放少量的油在旺火上快速烹制，搅拌、翻锅。炒的过程中，食物总处于运动状态，将食物扒散在锅边，再收到锅中，再扒散，不断重复操作，这种烹调法可使肉汁多、味美，也可使蔬菜又嫩又脆。

适用于炒的原料，多系经刀工处理的小型丁、丝、条、片、球等，大小、粗细要均匀。原材料以质地细嫩，无筋骨为宜，要求火旺、油热，锅要滑，动作要迅速，一般不用淀粉勾芡。

炒的应用范围很广，分类也很多，按照用油量的多少、上浆或不上浆、上浆的厚薄、勾芡与否、生料或熟料、加热时间的长短、菜肴成品的特点和要求来区分，可分为生炒、熟炒、滑炒、干炒、爆炒、清炒、软炒、抓炒等。

Technique

TASK 1

▲ 生炒时蔬

一、生炒

1.概念

生炒是将经加工整理、质地脆嫩、不易散碎的原料，不经上浆、滑油，先将主料放入热油锅中，炒至五六成熟，再放入配料，配料易熟的可迟放，不易熟的与主料一齐放入，然后加入调味，迅速颠翻几下，断生即好。

炒是应用范围较广的一种烹调方法，生炒又称火边炒，以不挂糊的原料为主，这种炒法，汤汁很少，清爽脆嫩。如果原料的块形较大，可在烹制时兑入少量汤汁，翻炒几下，使原料炒透，即行出锅。放汤汁时，需在原料的本身水分炒干后再放，才能入味。

2.工艺流程

选料→切配→炒主料→放配料→调味→装盘。

3.操作要求

(1) 原料加工要均匀精细，一般多以丝、片为主，不需要上浆，也不需要事先入味；

(2) 火力要旺，加热时间要根据原料的成熟度而定；

(3) 单一主料一次下锅，多种原料要根据其性质先后下锅炒制；

(4) 不可炒制过老，原料断生即可；

(5) 菜肴成熟时，锅内不得出现多量的汤汁。

4.特点

质地鲜嫩、清爽，形状美观统一。

5.相关菜例

青椒肉丝、炒土豆丝、生炒肉片、生炒菜花、生炒扁豆丝、炒茄丝等。

有诗云：

"生炒技法最普通，原料经过细加工。不浆不腌不挂糊，直接下锅速炒熟。断生调味装入盘，入味鲜香不勾芡。味型都要带辛辣，辣酱花椒味不差。"

▲ 回锅辣熏肉

二、熟炒

1.概念

熟炒是将经过熟处理（煮、烧、蒸或炸熟等）后的原料，刀工处理成丝、片、条等形状，用旺火少油炒制，依次加入辅料、调味品和少许汤汁，翻炒成菜的技法。熟炒的原料大都不挂糊，起锅时一般用湿淀粉勾薄芡，也有用豆瓣酱、甜面酱等调味品烹制而不再勾芡的。熟炒菜的特点是略带卤汁、酥脆入味。

2.工艺流程

选料→熟处理→切配→炒主料→放配料→调味→装盘。

3.操作要求

（1）原料先要熟制至断生，再用刀工处理，一般以片状居多，大多数菜肴中加有配料；

（2）炒时锅内油量要适中、不宜过多，也不宜过少，否则质量受到影响；

（3）火候不可过大，原料下锅后要急速煸炒，不可炒制过老，通常不勾芡；

（4）口味以咸鲜、鲜辣等复合味为主。

4.特点

色泽明亮，清爽、柔香，略带卤汁、酥脆入味。

5.相关菜例

炒回锅肉、回锅辣熏肉、熟炒肥肠、炒肚丝等。

有诗云：

“熟炒技法也普通，原料煮熟细加工。旺火热油速煸炒，辣酱面酱少不了。白糖加入能提鲜，风味独特咸辣甜。”

▲ 炒肥肠

▲ 滑炒虾仁

三、滑炒

1. 概念

滑炒是将经精细刀工处理的新鲜软嫩原料，加工成丝、片、丁、末、粒等小型形状或剞花刀后改条块状，经上浆，用中油量滑油断生，后调味勾芡炒制的技法。滑炒菜肴非常嫩滑，但应注意在主料下锅后，必须使主料散开，以防止主料糊浆粘连成块。

2. 工艺流程

选料→切配→上浆滑油→炒配料→调味→勾芡→明油→装盘。

3. 操作要求

(1) 滑炒一般选用质地细嫩、去皮、去骨、无筋的原料，需加工成细丝、片、丁等形状，加工的形状大小要均匀；

(2) 原料的上浆要均匀，不可太厚或太薄，上浆前，可先将原料入底味；

(3) 滑油时为了防止粘锅，必须用热锅凉油滑锅，然后在热锅温油滑制，少量主料一次滑油，大量主料应分次滑油；

(4) 恰当掌握火候，滑油的用油量与原料之比例一般为4∶1左右，滑油温度一般为120℃左右，滑油成熟度以断生为宜；

(5) 菜肴汁芡的多少应根据主料掌握恰当。

4. 特点

滑嫩清爽，卤汁紧包，明油亮芡。

5. 相关菜例

银芽鸡丝、滑炒鸡片、炒鱼片、菱白炒牛肉片、滑炒虾仁、炒腰花等。

有诗云：

“滑炒技法用得广，生料加工要上浆。温油滑散要断生，回锅勾芡速炒成。滑慢炒快质量好，鲜嫩滑软味清淡。”

▲ 菱白炒牛肉片

四、干炒

1. 概念

干炒就是用少量的油、中等火力，将经过刀工处理的丝、条、片、末状小型原料在锅中直接煸炒，炒到外面焦黄时，将主料煸干水分，再加配料及调味品同炒，调味品充分渗入原料内部的一种技法。

干炒的调味品大多包括带有辣味的豆瓣酱、花椒粉、胡椒粉等，菜品干香、酥脆、略带麻辣。

2. 工艺流程

选料→切配→炒主料→放入配料→调味→装盘。

3. 操作要求

(1) 一般选用质地柔韧、去皮、去骨、肌肉组织紧密、无筋的原料，需加工成细丝、薄片、末等形状，如牛肉、鱿鱼、冬笋、黄豆芽等；

(2) 干炒时锅内的油要适量，否则质量会受到影响；

(3) 不用上浆挂糊着衣处理，不进行芡汁处理，不用过油，否则不称其为干炒；

(4) 干炒一般不腌制，直接炒干后再调味；

(5) 原料下锅时要注意火候，用中火、温油久煸，不断翻炒，煸干水汽，做到干而不艮，色泽发黄（金黄或焦黄）再下入配料和调味品，酌情调味，见味汁全部被主料吸收后再用大火出锅，使菜肴具有酥软柔韧、咸鲜香浓等风味特色。

4. 特点

色泽浓重，口味干香，耐于咀嚼，回味悠长。

5. 相关菜例

干煸牛肉丝、干炒鸡、煸炒大肠、干炒麻鸭、干炒菜花等。

▲ 豉椒和牛粒

▲ 干炒麻鸭

有诗云：

“干炒技法炒法妙，精细加工生原料。不浆不腌不挂糊，煸干水分稍加油。味型都要带辛辣，辣酱花椒味不差。”

▲ 糊辣爆虾球

五、爆炒

1. 概念

爆炒是将脆性无骨原料加工成一定形状，以中量油为传热介质、用旺火快速加热的一种烹调方法。

2. 工艺流程

选料→切配→兑汁→主料过油→炒配料→兑汁调味→明油→装盘。

3. 操作要求

(1) 须选用脆性无骨、新鲜易熟的原料，过油时易于快速成熟；

(2) 原料要加工成丁、条、丝、片等形状，或剞花刀，便于快速成熟和入味；

(3) 须用旺火，正确掌握火候，炒制的速度要快；

(4) 爆炒一般提前兑汁，汁要适量，要使芡汁全部包紧原料。

4. 特点

口感脆嫩，卤汁紧包。

5. 相关菜例

爆炒鲜鱿、爆炒虾球、爆炒辣子鸡、爆炒螺蛳、爆炒鳝片等。

▲ 爆炒鳝片

有诗云：

“爆炒技法不简单，主料过油或水汆。急火快炒兑汁芡，成菜脆嫩时间短。爆炒强调选原料，质地脆嫩易烹炒。”

●● 有诗云：

"清炒技法讲究'清'，原料经过细加工。码味上浆温油滑，回锅调味质量佳。清炒出锅不勾芡，盘底无汁清爽鲜。"

▲ 热菜烹调

六、清炒

1. 概念

清炒是指以一种原料为主料，没有配料或少有配料，突出本色，少汁爽口的一种炒制烹调方法。

2. 工艺流程

选料→切配→上浆→过油→炒制、调味→勾芡→明油→装盘。

3. 操作要求

(1) 选料要新鲜，质地软嫩或脆嫩的、鲜味充分的原料，加工要大小均匀；

(2) 正确掌握油温，油温不宜过高，炒锅要滑净；

(3) 动物性原料需上浆，上浆一定要均匀，以免滑油脱浆，植物性原料可以直接炒制或者用水焯后炒制；

(4) 清炒无配料，原料要突出；

(5) 炒制时火力不可过大，根据不同需要可用微芡炒制， 有芡而不见芡；

(6) 清炒不能放带色的调味品，菜品一定要保持本色，若放配料一定要少放，只能起点缀作用。

4. 特点

滑嫩鲜香，汁紧亮油。

5. 相关菜例

清炒虾仁、清炒鸡丁、清炒鱼丝、清炒蝴蝶片、清炒荷兰豆、清炒百合、清炒莴苣等。

▲ 福果野米炒百合

▲黑松露带子炒鲜奶

七、软炒

1.概念

软炒是将茸泥原料或茸泥制品或加调味品的液体原料作为主料，用中小火，少量温油加热进行推炒成熟或用油滑过后再炒制，使制品质地柔软、鲜嫩的一种烹调方法。

第一种是直接用茸泥原料炒制的烹饪方法，如山药泥等；第二种是用茸泥制品炒制的烹调方法，茸泥制品是指加入调味品的茸泥状原料，如鸡茸炒鲜奶等；第三种是将液体原料（比如鸡蛋液）加入调味品（如糖、水淀粉等）用文火温油直接炒制的方法，如三不粘；第四种是茸泥状原料用汤或水调拌成粥稠状，再加入适量调味品后进行炒制。此法又有三种方法：用温油炒制，用温油吊摊成片再炒制，用温油泼滑至片状再炒制，如不同风味或风格的炒芙蓉鸡片 。

2.工艺流程

选料→加工制茸→过罗→加汤调制→调味→炒制→明油→装盘。

▲ 热菜烹调

3. 操作要求

(1) 原料要加工成茸状，用汤或水将茸泥状主料调成粥稠状时，过罗后调澥主料，先不要调味，轻轻搅拌溶解，加水或汤也不宜过量，否则影响炒制；

(2) 炒茸泥状原料时，如炒鸡茸、鱼茸，先要用汤或水将茸泥解澥开，再加蛋清、淀粉，下锅后，要立即用手勺急速推动，使其全部均匀地受热凝结，以免挂锅边，如发生挂锅边可顺锅边点少许油，再进行推炒至主料凝结为止；

(3) 炒时锅内油不宜太多，量多易腻，量少则易煳锅；

(4) 有些软炒菜的主料炒成棉絮状即可，如炒鲜奶，不可过分推炒，以免脱水变老，质量受到影响；

(5) 火力不可过大，用火要均匀；

(6) 炒锅要干净、光滑。

4. 特点

软嫩爽口，色泽明亮。

5. 相关菜例

炒鸡粥、炒鲜奶、炒山药泥、鸡粥鱼肚、三不粘、摊鸡蛋等。

Soft food

TASK 1

有诗云：

"软炒技法并不难，锅净油洁是关键。选料液体或是茸，慢火温油推炒成。成菜软嫩口感鲜，色泽洁净不一般。"

▲ 三不粘

八、抓炒

1.概念

抓炒，原为清朝宫廷菜中的烹调方法。将刀工处理后的主料，经过浆糊着衣处理，用手抓制过油，并用兑汁芡快速炒制的一种方法。

抓炒分挂糊和不挂糊，但都必须炸焦炸透，调味品既可用清汁也可用芡汁，但要让原料充分吸收，保持菜肴味浓韧脆、焦香。

2.工艺流程

选料→切配→喂味→拍粉或挂糊→炸制→炒制调味→装盘。

3.操作要求

(1) 选用质地鲜嫩或脆嫩、鲜味充足的动物性烹饪原料为主料；

(2) 原料加工的形状不可过大，多加工为较厚的片或块；

(3) 原料要事先腌制，便于入味；

(4) 拍粉、挂糊要均匀，原料必须经过上浆糊着衣处理，糊不能厚，薄薄一层即可；

(5) 要掌握好油温，用手抓制进行过油炸制，以透为度，不可炸制过老；

(6) 炒制时要用中小火，便于原料入味；

(7) 兑汁烹炒，芡汁为软流芡，芡量较少，以包裹住主料为度。

4.特点

色泽金黄，干香、酥脆，口味多样。

5.相关菜例

抓炒里脊、抓炒腰花、抓炒鱼片、抓炒虾仁等。

有诗云：

“抓炒技法属宫廷，原料经过细加工。挂糊炸脆再回锅，小酸小甜味不错。外脆里嫩鲜不腻，宫廷创新是第一。”

TASK 1

▲ 抓炒里脊

九、水炒

1. 概念

将原料用开水汆焯后，兑汁颠炒的烹调方法，或者用少量开水代替油炒制原料，此法即称为水炒。

2. 工艺流程

选料→切配→焯水→少量水→主料→炒制调味→装盘。

3. 操作要点

(1) 水炒原料选用质地细腻的动物性烹饪原料，要上浆，植物性原料无须上浆；

(2) 用水直接炒制时，注意掌握火候，不要粘锅；

(3) 一般保持原色，不用有色调味品上色；

(4) 勾芡不可过稠。

4. 特点

质地鲜嫩，清淡爽口。

5. 相关菜例

水炒肉片、水炒鸡蛋、水炒鱼茸、水炒肉丝等。

有诗云：

“水炒技法真特殊，炒菜用水不用油。此法针对是鸡蛋，慢火推炒不用翻。成菜鲜嫩色泽艳，清淡滑软不一般。”

▲ 水炒鸡蛋

▲ 韭黄炒肉

任务二 爆

爆，古代又称炮，是将无骨、脆嫩、小型的原料经热油或滚汤、滚水迅速加热成熟，即可烹入芡汁或配制调味碗，使之成为菜肴的一种烹调方法。爆，就是急、速、烈的意思，加热时间极短。

爆法，初始于宋代，那时有“爆肉”的菜肴。元代，又出现汤爆法，如“汤肚”。到了明代，开始有“油爆”一词，如“油爆鸡”；当时，也将油爆叫作爆炒或生爆。清代以后，爆法的运用就很普遍了，特别是北京牛街一带（回族居住区）的伊斯兰酒楼、饭馆，尤擅用爆法烹制菜肴，如“葱爆羊肉”“油爆肚”“汤爆肚”等，都是著名的菜品。

爆类菜肴，最初流行于北京和山东一带，由于爆类菜讲究火候，具有爽脆或鲜嫩、汁紧油亮、鲜美味醇的特点，遂流传各地和海外。但在广东，将油爆称为油泡，如“油泡虾球”。

▲ 热菜烹调

▲ 油爆小河虾

爆类菜肴的原料有上浆和不上浆两类，如爆制烤鸭片、鸡胗、鸭胗、鱿鱼花等原料，一般不上浆；如爆制牛肉片、鸡脯肉、虾仁、羊肉片、鲜带子、猪腰花等原料，一般要上一层薄薄的粉浆。爆类菜肴在选料上特别讲究，多以质地爽脆的为主，如猪肚尖、生肚领、鸡胗、鸭胗、花枝、鱿鱼、海螺等；如用猪、牛、羊的肉，也宜选用最细嫩的部位。在原料的切配上，多是片、花刀块、细条等形状。

各地对爆类菜的制法多种多样：在油面飞火的状态下爆制的菜肴称为火爆，如“火爆腰花”；用生葱作为主要配料的爆类菜称为葱爆，如“葱爆羊肉”；用芫荽（即香菜）作为主要调味品的爆类菜称为芫爆，如“芫爆里脊”；用精盐作为主味的白色爆类菜称为盐爆，如“盐爆鸭肠”；以酱类调味品为主味的爆类菜称为酱爆，如“酱爆鱼丁”；用滚汤、滚水使原料成熟，再配调味碗蘸食的爆类菜称为汤爆、水爆，如“汤爆肚”“水爆肚”；用香糟和姜作为主要调味品的爆类菜，则称为糟爆、姜爆；用蒜仔或蒜片作为主要配料的爆类菜称为蒜爆，如“蒜爆猪肚”。

在原料的选用上，要用新鲜的动物性原料。由于操作速度快，投用的调味品一般都比较轻，口味多以清淡咸鲜为主，故原料一定要新鲜。烹制菜肴多选用脆性原料、韧性原料，如肚子、鸡胗、鸭胗、鸡鸭肉、瘦猪肉、牛羊肉等，采用快速加热成熟的方法。

▲ XO酱爆五彩藕夹

爆类菜肴，最初流行于北京和山东一带，由于爆类菜讲究火候，具有爽脆或鲜嫩、汁紧油亮、鲜美味醉的特点，遂流传各地和海外。

▲ 海苔螺片爆虾球

要选好原料，突出质鲜，这是做好爆类菜的前提。根据原料确定爆法，对于脆、嫩见长的原料，应以油爆为好，使其经热油冲氽熟后保持其脆嫩的特点。

对于以软、鲜见长的肉类、禽类原料，应以爆炒法为好，使原料上浆挂糊后，更好地保持其内部水分，令其更加鲜嫩。

在原料的加工处理上，一般都要剞刀。这既可使原料成熟后外形美观，同时也很好地适应了爆的加热特点。经剞刀原料外形似块，而实际上表面都成丝和粒状，受热面积扩大，因此，在高温中一烫即熟，缩短了加热时间，保证脆嫩度。剞的原料必须块形大小一致，剞纹深浅与刀距一致，这样才能保证原料在短时间的加热中同时成熟。一般要求一盘中菜肴所用的原料，都剞同一种花刀，以求整齐美观。

要正确地掌握火候和油温。有些在入油锅前要汆焯的原料，汆焯时水要多，火要旺，水要保持剧烈沸腾，以使原料骤遇沸水而收缩，使所剞的花纹充分爆绽开来，也可使原料半熟，为在爆的过程中快速成熟制造条件。爆的全过程基本都要求用旺火。一定要等油面冒轻烟，八九成熟时再下料。因油锅温度较高，原料入锅后要快速搅散。防止粘结，出现外熟里生现象。油爆之后，在炒和调味时，火力可以稍微减弱一些。一般爆类菜，都要先将蒜、姜、香菜等煸出香味（又称炝锅），此时若火过大，容易将这些小料烧焦，操作时可端锅离火下葱、姜料。爆类菜在烹调过程中，必须用猛火滚油，或是滚汤（或滚水）急烫，使小型原料迅速成熟，一般以断生即可。火力小，传热媒介温度低或是加热时间长，都达不到爆类菜的火候要求。

▲ 油爆双脆

菜肴兑汁用料要恰到好处。爆类菜都用兑汁调味，无论勾芡与否，都取兑汁法。勾芡的，下芡粉的量要准，芡汁入锅时一定要辅以快速搅拌和颠翻，以防芡粉结团，包裹不匀。不用芡粉的兑汁，考虑到水分快速挥发的因素，汤汁可适当多一些。成菜的汤汁也不宜太多，以吃完原料盘中略有余汁为好。由于爆类菜的原料块形一般较大，如兑汁中不加芡粉，口味应重一些。有些爆类菜为了强调蒜、香菜等调味品的特有味觉，不经煸炒将香料切碎，直接放入兑汁中。

过油的爆类菜，芡汁要略紧，菜肴表面要有汁不见汁、不澥汁，盛菜的盘底不见油；糖、醋类的调味品也不宜放得过多，要加糖而不觉得甜、加醋而不觉得酸。

爆类菜因是火候菜，所以在烹调中多用一些辛辣含烈味、浓味的调味品（如芫荽、辣椒、生葱、鲜姜、蒜、豆豉酱等），会起到特殊的口味效果。

底油不宜多。传统的爆菜，原料一般都不上浆，成熟后表面光滑，芡汁较难裹附在原料表面。底油不多，下芡略重并多加颠覆，便会使卤汁紧包原料。尾油一般可沿锅壁淋下少许，再旋一下锅，颠翻三两下即可盛装。要选用能突出主料味道的配料，采用微挂汁的上浆法，使菜肴制成后清新鲜爽，避免调味品喧宾夺主。

有诗云：

“油爆芫爆葱酱爆，原料要求韧性高；过油加热速成菜，脆嫩滑爽火候到。”

一、油爆

1.概念

油爆是将质地脆嫩、组织较为结实的原料，加工成丁、丝、片等，经过上浆后滑油，或者不上浆，水焯后油炸，用旺火、热油快速将原料烹制成熟的一种烹调方法。

油爆，就是热油爆炒，是爆菜中最有特色的一种。烹调时间短，操作迅速，成品清脆鲜嫩，外观清爽。多选用质地细嫩、组织紧密坚实、带有一定韧脆性动物性为主料。切成块丁较小的形状，上浆滑油，火候用旺火热油。兑汁烹制。油爆菜有两种制作方法：一种方法流行于我国北方地区，多以焯水爆炒，油爆时主料不上浆，只在沸水中一汤就捞出，然后放入热油锅中速爆，再下配料翻炒，

▲ 白玉菇爆螺片

▲ 油爆肥肠

有诗云：

“原料选好剞花刀，过油兑汁炒配料；主料下锅火要旺，明油亮芡卤汁包。”

▲ 油爆鱿鱼

烹入芡汁即可起锅。另一种方法流行于我国南方地区，多以上浆滑油爆炒，在热油锅中拌炒，炒熟后盛出，沥去油，锅内留少许余油，再把主料、配料、芡汁一起倒入爆炒即成。

2.工艺流程

选料→切配或剞花刀→兑汁→过油→炒配料→放入主料加入兑汁→翻炒→装盘。

3.操作要求

（1）必须选用质地脆嫩、无筋无骨、组织紧密结实的原料，可选用相应的植物性原料为配料，比如肚仁、鸡（鸭）胗、鱼肉、鸡胸（脯）肉、里脊肉等，也可选用相应的植物性原料为配料，比如玉兰片（冬笋片）、核桃等；

（2）原料要加工精细，丁、片、条、段等形状或剞花刀，便于快速成熟；

（3）有些原料需要上浆，有些原料则不需要上浆，上浆时，要注意用浆比例，一般以500克原料用30克淀粉为宜，过多则口感滑腻，形态模糊，过少则原料包裹不全，另外要采取现爆现浆的做法，避免原料溢水；

（4）焯水要沸水下锅，断生后快速捞出，要控净水分，滑油要快速，油量一般为主料的两倍；

（5）要提前将调味汁兑好芡，便于提高速度；

（6）火力要旺，油温要高，速度要快，一般掌握原料300克，用油600克，油温在150°C～180°C之间。原料在油锅中断生时间控制在6秒钟左右，断生后即捞出。

（7）油爆菜肴芡汁以立芡、包汁芡为主，要全部均匀地包裹原料，不能有多余的芡汁出现，芡汁包紧而明亮，食后盘内无芡汁。

4.特点

质地脆嫩，卤汁紧包，明油亮芡，味道鲜美。

5.相关菜例

油爆虾仁、油爆肚仁、油爆双脆、油爆鸡胗、油爆腰花、油爆鱿鱼、油爆螺片等。

▲ 京酱肉丝

二、酱爆

1.概念

酱爆就是将甜面酱或豆瓣酱加以中量食用油为传热介质，用旺火、热油快速将原料烹制成熟的一种烹调方法。

酱爆多选用细嫩、新鲜的动物性原料为主料，质地细嫩爽脆的植物性原料作配料，加工成片、丝、丁、条等形状。主料上浆滑油或焯水，将酱类调味品煸炒出香味下入原料，不需要勾芡。使用的酱类主要有甜面酱、番茄酱、豆瓣酱、黄酱、海鲜酱、XO酱等。

2.工艺流程

选料→切配→上浆→过油→炒酱料→放入原料→翻炒→装盘。

3.操作要求

(1) 一般选用质地细嫩、新鲜的动物性原料为主料，传统上无配料，现也可加入质地细嫩爽脆的植物性原料为配料；

(2) 原料多加工成丁、条、片、丝状，便于成熟和美观；

(3) 多数原料需要上浆，有些原料则不需要上浆；

(4) 正确掌握火候，炒酱料时火力不宜过大；

(5) 酱料要炒出香味后，再下入主料，不用芡汁处理，以烹制加热过程中形成的自来芡为主；

(6) 炒酱的用油量相当于酱的二分之一，油多酱少则窝油、挂不上主料，油少酱多则易巴锅，油和酱的比例也不是绝对的，可视酱的稀稠而增减油的用量，一般酱稀的用油多些、酱稠的用油少些，要把酱炒熟、炒透、炒出香味来，不可有生酱味；

(7) 注意火候，火大了酱易煳发苦，火小了酱挂不上主料，做到食后盘内只有油而无酱，是酱爆菜的特色；

(8) 芡汁包紧原料，无多余芡汁。

4.特点

色泽红亮，卤汁紧包，酱香味浓。

5.相关菜例

酱爆鸡丁、京酱肉丝、酱爆肉丁、酱爆鱿鱼、酱爆猪心等。

有诗云：

“动物精肉为主料，传统烹饪无配料；刀工成型须美观，走油猛火酱料爆。”

▲ 葱爆牛肉

三、葱爆

1.概念

葱爆是将质地脆嫩的原料加工成丁、丝、片的小型原料，上浆或不上浆，以中油量为传热介质，加入大葱，用旺火热油快速将原料烹调成熟的一种烹调方法。

葱爆多选用新鲜带有腥膻气味的动物性原料为主料，多加工成较薄的片状。

2.工艺流程

选料→切配→过油→炒大葱→放入原料→调味→翻炒→装盘。

3.操作要求

(1) 多选用新鲜带有腥膻气味的动物性原料为主料，用葱香味掩饰其腥膻气味；

(2) 原料多加工成片状，可提前腌制入味，便于成熟和去除腥膻异味；

(3) 原料加工好后，不需要上浆；

(4) 正确掌握油温和火候，油要宽，油温较高，火力较旺，下料及时，翻拌烹制成熟；

(5) 芡汁包紧原料，无多余芡汁。

4.特点

大葱鲜香，油润光亮，芡汁紧包。

5.相关菜例

葱爆牛肉、葱爆大肠、葱爆羊肉、葱爆鸭心、葱爆海参等。

有诗云：

“掌握火候油要宽，下料迅速及时翻；大葱金黄料汁浓，去除异味和腥膻。”

▲ 葱爆海参

▲芫爆肚丝

四、芫爆

1.概念

芫爆是将脆嫩或柔嫩鲜味充足的原料加工成丁、丝、片的小型原料，以中油量为传热介质，加入芫荽为主要配料（兼为调味品），用旺火热油快速将原料烹调成熟的一种烹调方法。

芫爆多以腥膻味重的动物性原料为主，加工成片、丝、条状，以芫荽为主要配料兼调味品，菜品本色，无芡清淡，主料可上浆，可焯水或过油。

2.工艺流程

选料→切配→上浆→过油→放入原料→调味→加入芫荽→翻炒→装盘。

3.操作要求

(1) 多选用质地细嫩或脆嫩新鲜且带有腥膻气味的动物性原料为主料，用香菜为配料，兼作调味品；

(2) 原料多加工成片状，也可加工成丝、条状等，便于成熟和去除腥膻异味；

(3) 有些原料需上浆，有些原料不需上浆；

(4) 正确掌握火候及加入芫荽的时机，芫荽不可加入太早，否则炒老不爽，以出锅前投入为好；

(5) 不用芡汁处理，不可加入有色调味品。

4.特点

卤汁紧包，芫香扑鼻，咸鲜适口。

5.相关菜例

芫爆里脊丝、芫爆肚丝、芫爆鳝丝、芫爆鱿鱼丝等。

●● 有诗云：

“原料改刀后上浆，芫荽作为辅料放；掌握火候需滑油，调味适口味芫香。”

▲ 酸汤韭香全腰

五、汤爆

1.概念

汤爆是将加工处理后的脆嫩或柔嫩、鲜味充分的动物性原料，用开水或沸汤汆烫捞入碗中，再以鲜汤浇上即成菜品的一种烹调方法。食用时蘸胡椒粉、香菜末、虾油等调味品，也有汤中有调味品不再随上料碗。完全依靠汤来烹制菜肴，使菜肴达到鲜嫩、脆爽。主料要用质地脆嫩的生料，如鸡胗、猪肚等，用水焯一下，再用沸汤（鲜汤）冲熟。此法为北京菜特殊烹调方法之一。

汤爆完全依靠汤来烹制菜肴，采用沸汤对烹调原料进行冲烫至熟，使菜肴达到鲜嫩、脆爽。主料要用质地脆嫩的生料，加工成薄片或丝条状，如鸡胗、猪肚等，用水焯一下，以原料断生为成熟度。再用沸汤（鲜汤）冲熟。汤爆要用味道鲜美的清汤，火候要适当，原料一变色即成。与此法相近的烹调方法是水爆，如冬季吃爆肚，常用水爆方法，边爆边吃。汤爆要先焯好主料，一般以焯至无血、颜色由深变浅、质地由软变硬、脆嫩为好。

2.工艺流程

选料→切配→烫制→调味→倒入沸清汤→成品。

3.操作要求

(1) 选用质地细嫩或软中带韧脆的动物性原料为主料，成熟快，原料多为羊、牛的胃（肚），以当天买来当天用为宜，冷冻品种不可使用；

(2) 原料要加工成薄片，便于成熟，不需要浆糊着衣处理，直接烫制即可；

(3) 汤爆要用味道鲜美的清汤，爆时速度要快，原料变色断生即可；

(4) 火候要适当，一般用大火快速；

(5) 蘸料碗一般为酱油、芝麻酱、醋、辣椒油、黄豆酱，味碟为香菜、葱花等。

4.特点

质地脆嫩,汤清质淡，味道鲜美，清爽利口。

5.相关菜例

汤爆双脆、汤爆肚仁、汤爆鸭胗、汤泡鱼生、汤爆里脊丝、汤爆全腰等。

▲ 水爆乌鱼

六、水爆

1.概念

水爆是将未经过刀工处理的脆嫩的动物性原料，用沸水氽烫捞出入汤盘（微带水汁），另配佐餐料碗、味碟一并上桌的方法。此法为北京菜特殊烹调方法之一。

水爆、汤爆属氽的一种，而水爆是以水为介质的一种爆法。不挂糊、不过油、不勾芡。最佳水温95℃～98℃，嫩的原料12秒左右，稍厚15秒最长，不超过20秒，才能保证脆嫩效果。

2.工艺流程

选料→切配→烫制→捞出→装盘→调味→上桌。

3.操作要求

(1) 选用软中带韧的动物性原料为主料；

(2) 原料加工以丝、条、片状为主，大小厚薄要均匀；

(3) 不需要挂糊上浆，直接用沸水烫爆，烫爆时间极短，否则会变老；

(4) 蘸料碗一般为酱油、芝麻酱、醋、辣椒油、黄豆酱等；味碟为香菜、葱花等。

4.特点

质地脆嫩，味道鲜美，清爽利口。

5.相关菜例

水爆鸡胗、水爆肚仁、水爆鱿鱼、水爆百叶、水爆乌鱼、水爆猪肝等。

●● **有诗云：**

“质地韧脆荤原料，刀工成片成熟早；不需腌制不上浆，滚水烫食蘸调料。”

▲ 水爆肚

▲ 火爆双脆

七、火爆

1.概念

火爆是将经过刀工处理的脆嫩的动物性原料，旺火速成的一种爆炒方式。

2.工艺流程

选料→切配→汆制→捞出→装盘→调味→上桌。

3.操作要求

(1) 原料多选用新鲜的动物内脏，配料多选用肉厚籽少的泡辣椒、葱、姜、蒜等；

(2) 原料加工以丝条状为主，需提前用料酒或花雕酒腌制；

(3) 不需要挂糊上浆，直接用旺火爆炒；

(4) 出锅时用白酒喷洒，呈现酒燃烧状态。

4.特点

质地脆嫩，酒香味浓，鲜咸微辣。

5.相关菜例

火爆鸡胗、火爆双脆、火爆鱿鱼、火爆猪肝等。

附：爆菜技法比较

爆菜类的制作技法很多，归纳起来，有许多共同点和不同之处。

爆炒是使用较广泛的一种技法，它与油爆的区别在于：油爆时原料多不挂糊，油温以六七成热为宜。爆炒类一般都挂糊，经过上浆、过油、爆炒几个工序，油温以五六成热为宜，菜肴特点是鲜、嫩、软、醇。

酱爆与油爆基本相同，只是在油爆的基础上加入了甜面酱、白糖、香油。

葱爆之法与爆炒相同，只是以葱作为配料，但主料、配料都要过油。

芫爆与葱爆相同，只是去葱而改用芫荽，即香菜梗。

水爆与汤爆相同，只是传热介质一个是水，一个是汤。

▲ 炸小黄鱼

▲ 香酥鱿鱼圈

任务三 炸

炸是将刀工处理或整只的原料（包括生料加工、熟料预制、上浆挂糊）放入油量较多的锅中，用不同的油温、时间加热，使菜肴内部保持适度水分和鲜味，并使菜肴焦酥脆香或外酥里嫩的烹调方法。

炸是用旺火加热，以食油为传热介质的烹调方法，特点是旺火、用油量多（一般比原料多几倍，饮食业称“大油锅”）。用这种方法加热的原料大部分要间隔炸两次，具有外脆里软的特殊质感，并使原料上色。由于所用原料的质地及制品的要求不同，炸按菜品质感可分为干炸、软炸、酥炸、松炸、脆炸等；按主料着衣可分为清炸、拍糠炸、包裹炸、纸包炸、吉列炸等；按加热方式可分为过油炸、油淋炸、油泼炸、油浸炸等；按油温可分为高油温炸、中油温炸、低油温炸等。

炸法所用的主料比其他任何技法都广，既可用生的原料，也可用预制的熟料和半成品原料，以猪、羊、牛、鸡、鸭、鱼、虾等动物性原料为多。既可大到整块、整只、整条的原料，也可用加工成的细碎小料和茸泥原料，还可用自然形态的原料。它既是一种能独立成菜的方法，炸后就能直接食用，又是配合其他技法共同成菜的方法。特别是它还用于原料的预熟处理（如“过油”）和干货原料的涨发加工等，如油发鱼肚、蹄筋、肉皮（发后又叫“假鱼肚”）等。所以，从炸法的适应性和应用的广泛性来看，在热菜技法中是独一无二的。

▲ 炸里脊

炸是在旺火热油的条件下进行的，这就要受到很多因素的制约，如原料性质老嫩、形态大小、下料油温、炸的全过程油温等。所以凡一次性炸制的，一是要根据原料性质、体积确定最佳油温，如原料质老、体大的，油温相对要低一些，但加热时间要长一些；反之，油温要稍高一些，加热时间要短一些。火力旺时下料，油温应稍低一些；反之，要高一些。二是原料下锅要善于控制出手的轻、重、快、慢，以保证原料及时滑开、移位、转动，均匀受热，并在成熟时及时出锅。三是要能够凭借临灶经验，鉴别火力的大小、油温的高低变化，凭观察锅内原料受热后的变化，如体积和色泽的变化等，来调节加热时间，使之达到最佳火候。四是对一些火候较难控制的制品，一般可采取两次加热的复炸法，第一次油炸油温稍低，炸时稍长，以成熟为度；第二次油炸油温稍高，炸时要短，以炸至原料外表松脆，色泽符合标准为准。有时也可采取离火、半离火间隔炸，或离火浸炸等方法加以调节，以适应不同的炸制品的需要。

炸法在保持菜肴内鲜嫩、外香酥上是非常有效的，但是从味觉上说，因基本调味必须在加热前进行，所以受到较大限制，就显得单调一些。自采用预制熟料炸后，得到了适当的弥补，滋味才逐渐多样化起来。

炸的使用范围很广，它既能单独成菜，又能配合熘、烧、蒸等其他烹法，共同成菜。炸菜的用油量一般是原料的四倍左右，如炸整只原料（整鸡、整鱼），用油量应适当增多，炸制菜肴无汤汁、无芡汁。用于炸的原料在加热前一般须用调味品浸渍，并附带辅助性调味品蘸食，即佐餐调味品（料碗或味碟），其味型多种多样，如椒盐、孜然、麻辣、鱼香、茄汁、橙汁、炼乳、果酱等。

有诗云：

“清炸干炸和软炸，此项多种操作法；旺火宽油七成热，汤汁无须菜里加。”

●● 有诗云：

“主料改刀底味腌，拍粉或糊炸一遍；热油复炸出干香，里外酥透色褐黄。”

一、干炸

1.概念

干炸是先将原料用调味品拌渍，再经拍粉或挂糊，然后下油锅炸熟的一种烹调方法。成品里外酥透，颜色褐黄，干香。

2.工艺流程

选料→切配→腌制入味→拍粉或挂糊→炸制定型→复炸→调味→装盘。

3.操作要求

(1) 要选用新鲜易熟的原料，多加工成丁、条、片、块或茸泥，挤成球状；

(2) 原料要事先腌制，以保证原料入味，可根据不同口味要求，采用相应的调味品，腌制不同的口味；

(3) 糊要调制均匀，拍粉或挂糊要均匀，根据菜肴脆性和脆度需要，调制不同的糊，如水粉糊、全蛋糊、蛋清糊等；

(4) 准确掌握火候，开始时应旺火热油，炸制定型，中途炸制应小火温油炸透，最后旺火高油温复炸；

(5) 视原料的大小，正确掌握油温，油温过低，粉料易脱落，原料易吸油含油，油温过高，原料容易外焦里不熟，初炸油温应控制在160℃左右，复炸油温应控制在190℃左右；

(6) 干炸后的菜肴可以直接食用，也可以附带调味品蘸食。

4.特点

色泽金黄，外酥香、内鲜嫩。

5.相关菜例

干炸里脊、干炸虾仁、干炸猪排、干炸带鱼、干炸蘑菇、干炸冰粉、干炸丸子等。

▲ 干炸冰粉

▲ 干炸带鱼

▲清炸虾

二、清炸

1.概念

清炸是指主料经过加工处理后，用调味品腌渍，不拍上浆、干粉或挂糊，直接用旺火热油炸制的一种烹调方法。

清炸是一个古老传统的炸法，成菜除有外焦里嫩的共同特色外，还具有耐嚼有咬劲的独特质感。越嚼越香是清炸独有的特色。原料在旺火热油中骤然受热，表层蛋白质会变性凝固收缩，并产生焦糖化反应，呈现出色泽金黄、质感香脆的效果；原料内部由生变熟并脱水，因而既细嫩，又有韧性。一般来说，清炸所用的主料都是以富含鲜味物质的动物性原料为主，如仔鸡、鸡脯肉、猪里脊、猪肝等，能充分体现原料的鲜香美味。

清炸的调味分为炸前调味和炸后调味，一般以炸前调味为主，炸后调味为辅。所以，炸前的腌渍成为清炸滋味效果的关键。炸前调味的主要任务是确定基本味，通常是咸味。这种滋味大多用盐、酱油、料酒、胡椒粉、味精、糖、葱姜末等调味品调制，关键在于用量的多少和腌渍时间的长短。一般来说，调味品的用量要根据原料的性质而定，并考虑炸制时间的因素，以宜淡不宜咸的原则掌握，经油炸后，失去部分水分，滋味就会适中。特别是腌渍的时间不宜过长，长了味重，炸后更重。腌渍一般不超过1小时，大多在30分钟左右，且现腌现炸。对调味品中的酱油更宜慎重，用量宜少或不用，以防炸时颜色过深发黑。炸后的调味品，是食用时另跟的辅助补味汁。这是因为炸前所定的主味比较单一。另跟的调味品大都是花椒盐、甜面酱、辣椒油、酸甜汁等味料小碟，可弥补滋味单一的不足。

清炸大都采取间隔复炸法，即一次炸成菜改为两次炸。第一次采用较低油温炸（六成热左右），炸的时间较长，一般为3～5分钟，以炸熟为主，然后捞出控油；第二次采用高油温炸（八成热左右），但炸的时间很短，一般不超过10秒，在沸油中一过，见外表金黄起酥变脆即可出锅。也有的厨师采用离火浸炸的方法调节火候，即在旺火沸油时下锅略炸，再离火浸炸至接近成熟，然后再回到旺火顶炸一下即成。

▲炸鸡柳

▲炸鸡翅

2.工艺流程

选料→切配→腌制入味→炸制→调味→装盘。

3.操作要求

(1) 多选用新鲜易熟、质地细嫩、鲜味充足的动物性原料，如鸡翅、排骨、鹌鹑、鸽子等；

(2) 原料加工成丁、条、片、块等形状，要大小、厚薄一致，较大的整只原料，可在表面剞刀处理；

(3) 炸之前要腌制入味，但不要腌制时间太长，确定口味达七成即可；

(4) 要根据原料性质、形状，来控制火候、油温和炸制时间，要求油温高、时间短；

(5) 清炸要以炸前调味为主，炸后附带辅助调味品蘸食；

(6) 炸制后要及时趁热上桌。

4.特点

色泽金黄，外酥里嫩，口味浓郁。

5.相关菜例

清炸大肠、清炸虾、清炸蛎黄、清炸肉串、清炸腰片等。

有诗云：

"原料成型丁条片，炸前入味料先腌；根据属性控火候，炸好调料跟上盘。"

▲炸排骨

▲酥炸排骨

▲酥炸鲜鲍

三、酥炸

1.概念

酥炸是把加工成熟的原料外面挂上全蛋糊（也有不挂糊的）下热油锅炸制，使成品具有酥香质感的烹调方法。

这种技法是清炸的新发展。由于原料挂糊，炸时形成酥脆薄膜，包封住原料内部水分，保持了菜肴的鲜美滋味，成为炸法中最具代表性的技法。特别是菜肴质感，较其他炸法酥松得多，故名“酥炸”。它虽来自清炸，但与清炸有明显的区别：一是使用带有滋味的熟料，二是大多挂糊。这种技法的主要目的，不在于让原料通过加热由生变熟，而在于获得原料表面的酥脆效果。用预制熟料炸，口味比生料丰富，并能获得生料炸达不到的菜肴内部酥烂的效果。但是不挂糊也会有高温酥脆的效果，因为有些原料富含脂肪和蛋白质，在油的高温条件下，产生焦糖化反应而使菜肴表面质感酥脆。

为了取得酥炸的理想效果，应掌握以下几个环节：

（1）原料的调味

酥炸的菜肴是事先调味好的熟料，但它的调味有的是在预熟以前用生料腌渍的，有的则是在预熟加热中调味的，也有的是在挂糊中调味的，还有不少品种的成菜都另跟佐料食用。一般来说，生料腌渍是最常用的，即将洗净的原料用盐、酱油、料酒等调味汁料涂抹全身，搓擦均匀，然后腌渍一定的时间。腌渍时间是入不入味的关键，时间过短则入味不透，时间过长则咸味过重。所以，具体腌渍时间必须依据原料条件而定，一般以1小时为宜。在预熟加热过程中进行调味的，大都依加热方法而定，如水煮方法预熟的，就将调味品和原料一起入锅煮制，旺火烧开，改小火慢煮收汁直至滋味全部渗入原料，汁干料熟即成，类似酱、卤的做法。如采用汽蒸方法预熟的，则须将调味品擦遍原料或直接放入原料盘内，蒸至熟透入味为止。在挂糊中调味的，主要是一些茸泥原料，必须将调味品或淀粉、鸡蛋等糊料拌匀，边挂糊边调味。如四川风味菜“白酥鸡”就是采用这种方法，将鸡肉取下剁泥加调味品，淀粉等拌匀，蒸熟，油炸。

（2）原料的预熟

酥炸的原料必须是事先预制好的熟品，最常采用的预熟方法就是水煮和汽蒸，也有少数品种是用烤、烧、焖等方法。由于原料老嫩不一，形体大小不同，用煮还是蒸，也应按照原料的实际情况而定。一般来说，用蒸的方法优点较多，如温度高，原料易熟，又能保持原形等。

（3）原料的挂糊

酥炸的特色主要是挂糊。其要领为：一是原料带骨都要拆去骨头，但又不能损坏形体，要保持原料形体的完整。原料无骨的，也要修理整齐。二是所用糊料要选用涨发性大的，常用的是全蛋糊（又叫蛋粉糊）、蛋清糊、水粉糊和脆浆糊等。其中以蛋清糊的涨发性最好，炸后色泽鲜亮，口感好，并富有营养。三是挂糊的厚度要根据原料的特点和菜肴的要求而定。糊，分为薄糊、厚糊两种，一般来说，厚糊在0.5cm左右，业内称为“满糊”。少数不挂糊的原料大多是蒸煮成熟的带皮带骨原料，其外皮含有较多的脂肪，在油温作用下也能产生酥脆，但酥脆程度远不如挂蛋糊。

（4）原料的油炸

这是酥炸制品的第二次加热，也是最后成菜的一道工序。这道环节的关键：一是由于预制的原料表面和内部所含水分较大，因此挂糊和油炸前都必须控干水分，否则糊不易挂上、挂匀，油炸时也容易脱糊、产生水，油会剧烈爆炸。二是大都采用复炸法，初炸的目的是挥发水汽，炸熟原料，凝结外壳，初步上色；复炸则是把黏附原料表面和渗入原料内部的水分逼出，达到酥松发脆、色泽金黄的烹饪要求。但必须控制两次油炸的油温。一般来说，第一次油温以六成为宜，过低会引起原料脱糊变烂，过高会发生外表焦黑发苦等问题，特别是细嫩的原料，可用四五成热的油温炸。炸的时间要适当，一般在1分钟以内。第二次炸开始时用五成热的油温，下料后边炸边翻拨。使炸制品均匀受热，炸3～5分钟，见外表色泽转金黄色时，再用旺火把油温升高七八成热，以最快的速度逼净原料的油分，取得色泽金黄、松软酥烂的效果。凡大件酥炸制品炸好后，刀切装盘时一定要讲究刀口整齐，切后按原形码放盘内，上桌另跟佐料。

酥炸技法，各地叫法不同，形成多种名称，如锅烧、裹烧、香炸、板炸、吉列炸、面包渣炸等。其中，所谓“锅烧”或“裹烧”都是一个意思。因为这些地区炸、烧不分，炸可以说成烧，烧也可以说成炸，把挂糊说成“裹糊”，才出现这些不同叫法。所谓“香炸”等名称，是以挂糊后添加一些辅料而言的。香炸，也是原料挂糊后，再粘上一层芝麻，炸制后具有浓厚的芝麻香味。“面包渣炸”也是在原料挂糊后，再粘上一层渣炸制而成。“板炸”则是以面包渣炸所用原料为片状而言的。“吉列炸”就是面包渣炸的西餐音译。也就是说，这些技法大多是在挂糊后添加一些辅料而已，并不是什么新的技法。

2.工艺流程

选料→腌制→熟处理→切配整理→挂糊→炸制→改刀→装盘→辅助调味→上桌。

3.操作要求

（1）多选用细嫩新鲜的原料，经腌制入味后，要经过蒸、煮等熟处理；

（2）原料加工成丁、条、片、块等形状，要大小、厚薄一致，熟处理后，成熟度要一致；

（3）要根据原料性质，挂糊或不挂糊，挂糊大多为拆骨原料，不挂糊多为带骨原料；

（4）要根据原料大小，掌握炸制的火候和油温，要炸至原料表面酥松；

（5）炸制过程中要注意菜品的色泽变化，要炸至外表金黄色即可；

（6）酥炸菜肴一般不进行复炸。

4.特点

外酥松、内鲜嫩，色泽金黄。

5.相关菜例

酥炸鱼排、香酥鸡、香酥鸭、酥炸排骨、酥炸鸡翅、酥炸生蚝、酥炸鸡柳等。

▲ 鱼子酱配蜂窝生蚝

▲ 松炸虾仁

▲ 松炸银鱼

四、松炸

1.概念

松炸是将质嫩、形小、软嫩无骨的原料加工成片、条或块状，经腌制入味后挂上蛋泡糊，用中火温油慢慢炸制，外形饱满美观、质地松嫩的成菜方法。

松炸又称雪衣炸，是选用软嫩无骨或去骨的原料加工成片、条或块状，经调味并均匀蘸挂上蛋泡糊，用中小火温油炸至熟透的炸法。原料要新鲜、味醇、无骨、小型，蛋清一定要新鲜，以保证蛋泡糊效果。松炸是较为特殊的炸制方法，根据原料的选择在口味上有很大不同，一般可分为鲜咸和绵甜两大类。动物性原料通常为鲜咸口味，鲜果及甜味茸状原料均为绵甜口味。松炸操作严谨细致。要把握好制糊、挂糊、油温、火候、下料定型等多方面环节，灵活运用操作技巧和烹调工具，使菜肴成型均匀一致，达到相应的规定色泽。

松炸的代表菜例有：高丽大虾、雪衣苹果、高丽豆沙、高丽银鱼等。

2.工艺流程

选料→切配→腌制→调糊→挂糊→炸制→调味→装盘。

3.操作要求

(1) 应选择质地细腻、新鲜无异味、易熟的各种动植物原料，如动物性原料有虾仁、鱼柳、牡蛎、里脊、鸡脯肉等，植物性原料有菌类、鲜果、时蔬等；

(2) 动物性原料须事先腌制入味，植物性原料一般直接挂糊炸制；

(3) 蛋泡糊要现用现做，不宜提前加工，蛋清要经过反复搅打，形成稳定性的气泡，然后再加入干淀粉拌匀，蛋清与淀粉的比例约为2∶1，糊要松软均匀，拌好后不宜过多搅拌，否则会使发蛋糊的蓬松性和黏附性降低，挂糊要均匀；

(4) 应选择低油温为宜，一般控制在90°C～120°C，油量要充足；

(5) 火候不能过大，中小火为主，先炸至定型，再复炸成熟；

(6) 炸制时要勤翻动，不可炸至变色，保持菜肴雪白的颜色；

(7) 菜肴成熟出锅，要附带调味蘸料，上桌要及时，否则时间过久，菜肴容易走气塌软。

4.特点

蓬松饱满，色泽洁白，质松软嫩，鲜香味美。

5.相关菜例

松炸银鱼、松炸虾仁、松炸鱼条、松炸口蘑、松炸鸡条等。

有诗云：

“无骨原料改条片，腌制入味蛋糊沾；外炸质松内软嫩，成品洁白装入盘。”

五、纸包炸

1.概念

纸包炸是将加工成片、条或茸状的鲜嫩原料用调味品拌和后，再使用糯米纸或玻璃纸等皮料将原料包严实，入温油锅直接炸熟的一种烹调方法。

糯米纸，也称为威化纸，是一种可食用纸，具有色泽洁白透亮、入口即化的特点，用糯米纸加工成的菜品，一般具有滋润细嫩的质感，馅料以咸鲜为主，醇厚鲜美，能保持菜肴的原汁原味、鲜嫩。

适合纸包炸的原料主要有鱼、虾、鸡肉、鸭肉、猪肉、冬笋、蘑菇等。包卷的皮料可分为两部分，可食用的皮料有鸡蛋皮、猪网油、腐皮、面皮、鸭皮、肉片、糯米纸；不可食用的皮料有桑皮纸、玻璃纸等。炸时一定要用强火，油加热至100°C以上时再将材料放入锅中，纸包浮起变成金黄色时才算完成。这种技法所用主料都是易熟的鲜嫩原料，如鸡脯肉、猪里脊肉、猪肝、猪腰，以及鱼、虾等。所用的原料都不能带骨头，如有骨头就必须剔出。同时，根据炸的需要都要加工成小块、小片、细条、细丝或剁成泥状馅料，而且加工的刀口宜薄、宜细、宜小、宜碎。加工成型后都用调味品腌渍入味。

2.工艺流程

选料→切配→腌制→纸包→炸制→沥油→装盘。

3.操作要求

(1) 要选用质地鲜嫩、鲜味足的动物性原料为主，如鲜味足、质感细腻、异味少的鸡片、虾仁、里脊肉、鱼片、蛋黄等；植物性原料应选用鲜香味足的香菇、笋尖、马蹄等；

(2) 原料要加工成细小的片、丁、丝、粒或茸状，便于成熟；

(3) 要掌握好原料腌制的口味，不可腌制时间过长，原料不可太湿或太干，过湿不宜包裹，太干嫩度不够；

(4) 正确掌握油温，低温操作，三四成油温下锅，待油热，纸包浮起呈浅黄色即可，油温过高，纸包容易膨胀破裂，油温太低，原料容易吸入过多的油，口感油腻；

(5) 正确掌握火候，炸制火力要用中火；

(6) 纸包卷要包严实，炸制前可扎小洞，防止炸时爆裂；

(7) 原料炸制时要轻轻翻动；

(8) 成熟捞出后，要沥尽油。

4.特点

造型美观，质地鲜嫩，口味香浓。

5.相关菜例

纸包鸡翅、纸包排骨、纸包虾仁、纸包鱼等。

▲ 纸包炸卷

▲ 纸包炸卷

有诗云：

“鲜嫩原料腌制好，片丁丝粒用纸包；三成油爆炸浮起，口味香浓原味炒。”

▲油浸笋壳鱼

六、油浸炸

1.概念

油浸炸是将加工过的鲜嫩易熟原料，入温油中慢慢加热，将原料缓缓加热油炸至熟，然后撒上调配料，用适量热油浇在原料上成菜的一种烹调方法。这种技法是原料在热油锅中最初表面受到油温的高温急速加热，形成薄膜，随后逐渐降低油温缓慢受热，把原料中水分、鲜味的流失控制在最小范围内，是炸法中的精细炸法。这种炸法，有的地区叫油氽或油浸。炸制成熟后，需要再加热原料，弥补原料色泽等。

具体操作有以下几种情况：

第一种是中小火，低油温（四五成热，尽可能控制在100°C～130°C之间）。

自始至终都把油锅放在小火上弹，保持恒定温度，使热量慢慢渗入原料内部，产生变性，脱水，由生变熟的反应，直到原料内部的水分慢慢析出，质感酥脆时，即可捞出。这种炸法，主要适合于细嫩的鱼虾肉泥丸类和果仁类原料，如油炸虾球、油炸花生米、油炸腰果等。用油量相当于原料的三四倍，在下料后用手勺不停地搅动，防止原料沉底不动，炸焦炸煳。

第二种是用旺火力，把锅内的大量油烧至很高温度，烧至八成热时即可将加工处理好的原料放入锅内，稍炸片刻即端锅离火浸炸。这时，由于油锅离火，油温随之下降，直至油锅凉时，原料也已充分吸收热能由生变熟，质感外表略脆，而内部十分鲜嫩，这种技法适宜于仔鸡、乳鸽等。效果与沸水浸烫的白斩鸡基本相同。但油浸的鸡比水浸的白斩鸡更能保持原料的鲜美口味，且原料色泽光亮鲜艳。

第三种是先用旺火，把油温烧至七成热，下入加工处理好的原料，随即端锅离火，油温降至七成热以下时，再把锅端回旺火，当油温再升至七成热时，继续端锅离火。如此多次反复，直到原料成熟，质感滑嫩时取出。这种浸炸法多用于鱼类，以广东菜最为擅长，使用也较广泛。

2.工艺流程

选料→加工→腌制→入七八成油温中→离火浸炸成熟→捞出装盘→撒上调配料→调味→热油浇→成品。

3.操作要求

（1）原料多选用质地鲜嫩的活鱼、鸡脯肉、鲜虾、猪腰、扇贝、花枝片、海鲜等为宜；

（2）整条的鱼要剞刀，其他原料可加工成丁、条、片等小型形状，便于成熟；

（3）油浸时油温开始要高，投入原料后，要离火慢慢浸炸，这时油温不可过高，可反复操作，直到原料成熟；

（4）油浸的火力不可过大，火大可离火慢慢浸炸，油量要充足；

（5）配料兼调味品以葱姜丝为主，浇制的油温度要高；

（6）主料上要浇调味汁，辅助调味。

4.特点

质地细嫩，口味醇厚，味道鲜美。

5.相关菜例

油浸鲤鱼、油浸笋壳鱼、油浸仔鸡、油浸花枝片等。

有诗云：

“改刀原料入温油，成品热油浇上头；逐渐加热炸成熟，捞出装盘撒调味。”

七、油淋

1.概念

油淋也叫泼炸，就是将主料先用调味品腌渍后，再将主料置于漏勺上用手勺反复淋入热油，使之成熟，保持原料内部鲜美，并取得质感酥脆、酥嫩的效果的一种烹调方法。

泼炸和浸炸是炸法中的两种特殊技法，两者有较多的共同点，如所用主料大多为细嫩原料，特别适用体小稚嫩的禽类原料。所用导热介质也都是大油量的高温热油。制品的质感、口味特点也大体相同。但是，它们的具体操作方法又有较大的区别，油温、火候把握也不一样。

这种炸法一般均用细嫩鲜料，如鸡、鱼、虾等，特别适宜选用稚嫩体小的仔鸡、乳鸽、雏鸭、鹌鹑等，也可用一些时鲜蔬菜。所用主料除稚嫩体小的自然体态外，其余都加工成细薄的小料。如果是生料，洗净后要用调味品腌渍入味，定下基本味；如果是熟料，既可在预制成熟过程中调味，也可在预制成熟后再用调味品腌渍入味。油炸时要注意的事项：首先是油量充足，约相当于原料的三四倍；其次是旺火热油，在炸制过程中，始终保持七成以上的油温；再就是对生料、熟料的加热时间要正确掌握，熟料炸的时间较短，以外皮略脆并上色为度，而用生料炸，既要炸脆、上色，也要内外成熟，泼浇的次数要多一些，加热时间要相对长一些。

泼浇手法正确最为关键。这种手法必须根据具体情况来定。如浇泼吊挂的整料，除从上向下泼浇外，还要从不同的角度浇遍全身，保证原料的各个部位都能均匀受热，成熟一致。这类原料炸前都要在某些厚实的部位剞上适当的刀纹，但又不能多，以便使泼浇的热油渗入促使成熟。对放入漏勺的小型料则要边浇泼热油，边转动漏勺，使原料在转动移位中均匀受热，成熟一致，防止炸后生熟不一，老嫩参差的现象。但无论何种泼浇，原料成熟前都不能停顿，不能时浇时停，而要一气呵成，至其成熟度、质感、色泽都符合标

有诗云：

“调味腌渍晾水分，放上漏勺热油淋；内外成熟浇均匀，色泽红亮味道醇。”

▲脆皮油淋鸡

准为止。业内习惯上把吊挂原料的浇油称为淋油，而把漏勺中原料的浇油，叫作泼油，有些地区又往往淋、泼不分，统称为淋油。

2.工艺流程

选料→加工→腌制→热油浇→调味→装盘。

3.操作要求

(1) 选用质地鲜嫩、形体较小的原料，便于成熟，形态较小的禽类，多带皮制作，制作前也可进行熟处理，表皮抹饴糖，形成皮脆里嫩的质感；

(2) 油淋的油温不可过低或过高，过低不容易使原料成熟，时间长，过高容易外焦里不熟；

(3) 用热油淋浇时要将原料浇制均匀，整只的原料，可里外用油浇制；

(4) 注意原料内外成熟一致，肉厚的地方，可用油淋浇多次；

(5) 油量要充足，浇油时要注意手法，不可放入油锅炸制；

(6) 保持一定的油温，注意原料表皮的色泽。

4.特点

外皮脆香，色泽红亮，味道醇厚。

5.相关菜例

油淋仔鸡、油淋鳜鱼、油淋鱿鱼、油淋乳鸽、油淋辣椒等。

▲ 脆皮牛楠肉

八、脆炸

1.概念

脆炸是将刀工处理、腌制入味后的原料，沾裹脆皮糊或抹上饴糖等晾干后，放入热油锅，用热油慢火加热炸熟的一种炸制方法。

在餐饮业中，脆炸的技法是多义性的，有些与其他技法近似，如用熟料挂糊炸鱼与酥炸相同；用生料挂蛋泡糊，又与软炸相似。因而许多采用脆皮名称的菜肴，往往就是酥炸或软炸，都以外表松脆为特征而相互混用。脆炸与脆皮炸是两种不同的烹调技法，脆炸无须挂糊或拍粉。适合此技法的原料须带外皮且形整，如整鸡、整鸭等。

带皮的原料抹上糖浆，经热油炸制，产生焦糖化反应，使菜肴外皮增加了比一般“外焦里嫩”更为突出的粉脆性，形成独有的特色。如果不抹糖浆或改用其他涂料炸，其脆性则大为逊色。广东菜厨师用脆炸法炸制成的“脆皮鸡”即为典型名菜。时下广东的“脆皮鸡”被誉为脆炸法中的极品，被视为正宗的脆炸技法。据有关厨师介绍，广东菜最早的脆皮鸡炸法，效果不理想后，改用上汤（鲜汤）浸熟涂上酱油炸，也没有取得外皮松脆、内质鲜嫩的效果。最后改为现在的制法，才成为色、香、味俱佳的完美菜肴。广东菜“脆皮鸡”的炸法，实际上是一种“淋炸法”，只因炸后的鸡皮特别松脆而归为“脆炸法”。

●● 有诗云：

“原料腌制抹饴糖，挂起晾皮裹脆浆；高温炸制不油腻，质地酥香色金黄。”

▲脆皮大肠

Fried food

TASK 3

2.工艺流程

选料→切配→腌制→裹脆浆或抹上饴糖→晾干→炸制→调味→装盘。

3.操作要求

（1）所用主料若使用糖浆，必须经过沸水焯烫，一般烫至外皮收缩紧绷，毛孔露出为止，有的可以焯至断生。这一道工序的目的是为外皮涂匀糖浆（或其他涂料）创造条件。否则糖浆刷不上、涂不匀。

（2）糖浆必须使用饴糖加适量的淀粉、醋等调成的稀稠适度的浆料。

（3）原料挂糖浆的厚薄程度要适当，一般在0.2～0.3cm之间容易黏附，下锅后又不脱浆。除糖浆外，如果用其他糊料，如蛋黄糊、发粉糊、脆浆糊等，其厚薄程度以能沾在原料外皮上面而又能缓慢向下滑动为宜。

（4）脆炸需选用含水分较多、质地细嫩，以及所含鲜味物质较多的原料。同时，也要注意季节性的品种，并选用优良品种。

（5）在加热过程中要适时翻动原料，使其受热一致外皮不会有焦煳现象。

4.特点

色泽金黄，表面光滑，质地松脆，酥香可口。

5.相关菜例

脆皮大肠、脆皮牛楠肉、脆皮鸡、脆皮乳鸽等。

九、拍粉炸

1.概念

拍粉炸是将加工过的原料用调味品腌渍后，蘸上蛋液，拍上淀粉、面粉或吉士粉、面包糠等，压紧按实，用旺火热油炸制成熟的一种烹调方法。可大批量生产，食用时，大型的要改刀装盘。

2.工艺流程

选料→切配→腌制→蛋液→裹料→炸制→调味→装盘。

3.操作要求

(1) 选用质地鲜嫩、形体较小的原料，较大的原料，要经过刀工处理成丁、条、块等形状，便于成熟；

(2) 调制的蛋液要均匀，不能搅打起泡；

(3) 原料拍粉要均匀，要压紧按实；

(4) 炸制时，要掌握好油温，油温不可过高或过低；

(5) 炸制时，要控制好颜色，炸至金黄色最佳；

(6) 炸好后要控净油分。

4.特点

色泽金黄，外酥里嫩，松香可口。

5.相关菜例

炸小黄鱼、面包里脊、炸鸡球、炸带鱼、面包虾仁等。

▲ 炸虾

▲ 黄金鳕鱼排

有诗云：

“原料加工调味腌，蘸上蛋液拍粉按；旺火热油炸成熟，改刀成型可装盘。”

▲ 炸小黄鱼

十、香炸

1.概念

香炸是将加工过的原料用调味品腌渍、拖糊后再蘸上一些增香原料，用旺火热油炸制成熟的一种烹调方法。挂糊后的增香原料，一般多是芝麻、松子、面包糠、椰蓉、花生碎等。

可以将原料片成大薄片，表面剞多十字形花刀，刀纹深浅要一致，保证原料入味均匀且形状平整，不卷曲；也可以将原料加工成小片、块、条等形状。

根据原料的质地决定是否拍粉，纤维粗大质地老的不需要拍粉，脆嫩易碎的原料必须拍粉，以保证菜品的形状完整，水分不流失。

2.工艺流程

选料→切配→腌制→调糊→挂糊→蘸料→炸制→调味→装盘。

3.操作要求

(1) 选用质地鲜嫩、形体较小的原料，较大的原料，要经过刀工处理成丁、条、块等形状，便于成熟；

(2) 调制的糊不可太稠或太稀，太稀不易蘸料，太稠容易挂糊太厚；

(3) 原料挂糊要均匀，蘸料不可太多，要蘸均匀；

(4) 炸制时，要掌握好油温，油温不可过高或过低，过低原料容易吸油，过高容易外焦里不熟；

(5) 炸制时，要控制好颜色，炸至金黄色最佳；

(6) 炸好后要控净油分。

4.特点

色泽金黄，外酥里嫩，松香可口。

5.相关菜例

芝麻鱼排、松子里脊、瓜仁鸡球、香炸带鱼、香炸鱿鱼圈、香炸虾仁等。

▲ 香炸鱿鱼圈

▲ 小麻球

有诗云：

"原料调味先腌渍，拖糊蘸上增香籽；掌握油温炸金黄，外酥里嫩趁热吃。"

▲软炸鲜蘑

十一、软炸

1.概念

软炸是将质嫩而形状小（小块、薄片、长方条）的原料先以调味品腌渍拌后，再挂上蛋粉糊，用油将其炸至软嫩或软酥质感的一种烹调方法。

软炸菜品特别适宜老年人及幼儿食用。在不同地区，软炸技法在操作程序上存在差异。软炸不会破坏食材的外表，可保持食材的柔软质地。软炸后的成品外表香松绵软，内部鲜嫩。软炸和酥炸的区别在于酥炸需要经过高温加热，软炸无高温加热的过程。软炸的油温不宜过低，否则会让外层粉浆剥落，但也不宜太高，油温150℃上下最合适。软炸的糊浆一般采用鸡蛋清液或全蛋液，加淀粉、适量面粉与水调制而成。挂糊后下料的油温约五成热，在较短时间加热过程中，蛋液糊凝固、定型成熟，质地较软。软炸的方法较容易掌握，制糊、挂糊、下料、火候的掌握是难点。

软炸的代表菜例有：软炸里脊、软炸虾仁、软炸口蘑、软炸雀脯等。

由于主料细嫩，加工的块形又小，而且糊料在油炸中形成了保护层，所以形成了外松软、里软嫩的特色。外层的口感主要是由所使用糊料的性质决定的。

制作适合的糊料。软炸所用的糊料，业内称为“软糊”。从原料来看，大体可分为三类：第一类是以蛋为主加淀粉调制的糊，具体品种分为蛋清糊、蛋黄糊、全蛋糊、蛋泡糊四种。第二类是以淀粉加水调制的糊，通称为水粉糊，又叫“干浆糊”，业内又叫“硬糊”。第三类是多种料调制的糊，主要有发粉糊、脆浆糊等，前者是用发酵粉、面粉加水调制的，后者是用酵种（面肥）、面粉、淀粉、马蹄粉（荸荠粉）、盐、油和水调制的，但是它们的口味质量和营养价值远较蛋泡糊逊色。

要有精细的挂糊方法。软炸糊有两种方法：一种方法是先腌渍，后挂糊。就是临炸前再挂糊，如果挂糊过早，炸时容易“掉糊”；还要根据原料含水分的多少调节糊的浓度，所用糊料也要事先调制，充分调搅均匀，并静放一定时间使粉粒溶化无渣，否则挂不匀，炸时容易“掉糊”；挂糊时，糊料绝不能发散，若散了就要重新调制。挂糊后要迅速下锅，以防止糊内的面筋质起劲，在油炸中包不住原料；原料最好分别挂糊，分散下锅，下锅后立即划开以免粘连。另一种方法是调味和挂糊同时进行，即调味品溶于糊内，然后放入原料挂糊，边挂糊边吸进味，至炸前，糊已挂匀，味亦渗入，即可下锅炸制。这种挂糊的糊料多数是全蛋糊（蛋粉糊）、蛋清糊。应注意的问题是要控制好调味品中盐的用量，如用量不当，盐的渗透压会把原料中的水分挤出，使糊料变稀，黏性变差，油炸时容易脱糊。

精确地把握火候。要把火力的旺、中、小，油温的温、热、沸等火候调节的所有措施全部用上。多数软炸是旺火热油下锅，稍炸片刻，一般20～30秒，根据原料性质掌握，主要目的是使原料内部受热成熟并持嫩。在原料熟制后即可加大火力，提高油温（七八成热），短时间速炸，见原料浮出油面即成，主要目的是使表面脆酥，色泽金黄。但是，也有挂蛋泡糊的制品，质感与其他制品都不同。它在炸的全过程中，都是使用中小火力，中等油温（约五成热，有的为四成热），这类制品具有外松软，内软嫩，色泽乳白，形体丰满的特色。

2.工艺流程

选料→切配→腌制→调糊→挂糊→炸制→复炸→装盘。

3.操作要求

（1）选用质地新鲜、细嫩、无异味的动植物性原料，加工成条、块、段、片等小型形状，或用自然形体的小型原料，如虾仁、里脊、雀脯肉、净鱼肉、口蘑等。软炸的原料需要去骨，除去筋膜，是为了使菜肴具有易熟和细嫩的质感。在原料上剞刀一定深度的刀口，再根据菜肴的要求改为小块、小条等，增加原料的受热面积，使其受热均匀，便于菜肴火候掌握。

有诗云：

“质嫩原料改小状，调味腌渍拌后放；炸时拖上蛋泡糊，外表香软内嫩香。”

▲ 金虾独立

▲ 炸蔬菜

（2）原料需经腌渍入味：一般采用料酒、葱、姜、盐、味精、香油腌渍入味，口味不宜过重。软炸码味常用的调味品有精盐、胡椒粉、料酒、姜、葱，这些调味品不但除异效果好，而且不影响成菜后的颜色。着味时咸味基本达到成菜咸味的标准，同时应掌握蘸以椒盐或甜面酱等复合味调味品时，应在不觉味咸的幅度内。

（3）挂糊的厚薄以油炸中能控制原料水分，保证细嫩，使成菜达到外酥里嫩，具有原料本身鲜味的口感为准。糊制好后可加适量油脂拌匀再放入原料。"软糊"是指由蛋清、淀粉、面粉调制成的糊，多用于软炸类菜肴。蛋清糊、全蛋糊是软炸所挂的主要糊。

（4）控制好油温，掌握好加热的火候。软炸的油温不宜过高或过低，以防止炸焦或脱糊，入锅时应分散投料，防止粘连在一起；油温达五成热时下料。下料时要使原料均匀裹糊（裹附的糊厚度适中、均匀一致）。原料要逐块裹糊下入油锅内，逐块定型，防止粘连。原料用热油定型后转小火加热至断生成熟，再用较热的油温复炸。软炸以复炸为主，第一次用中火，将原料分散放入四五成油温的锅中，炸至断生呈浅黄色捞出；第二次用旺火，待油温回升至六成热，炸至刚熟呈金黄色，沥去炸油，浇上香油，颠匀即可。

（5）成菜装盘时，应根据菜肴原料的性能和筵席的需要，选择组合需要的各种形式。同时可配生菜或椒盐末、葱、酱等形式，以突出原料的性能和食用效果。

4.特点

外表香软，内嫩味鲜，色泽浅黄。

5.相关菜例

软炸虾仁、软炸蛎黄、软炸蘑菇、软炸银鱼、软炸鸡片等。

▲软炸蛎黄

▲一品飘香卷

十二、包卷炸

1.概念

包卷炸是将质嫩而形状小（小块、薄片、长方条）的原料先以调味品腌渍拌后，用面包片、紫菜、蛋皮、油皮、腐衣或者大型菜叶（如白菜叶）等包卷成一定的形状再拍粉或挂糊，用油将其炸至成熟的一种烹调方法。

包、卷用的外皮也大致相同，如油皮、摊鸡蛋皮、猪网油、百叶（薄豆腐片）、糯米纸（又叫威化纸）、无毒玻璃纸等。此外还可以采用片至细薄的肉片、鸡肉片、鱼肉片和大白菜叶等作卷、包的皮。其他方面，诸如加工过程、成熟机理、质感效果几乎是相同的。它们唯一的区别就是加工后形状不同，凡用外皮包裹成为卷筒形的称为“卷”；包裹成长方形、方形、三角形，或像生形（如包成鸡腿形）就叫“包”。把用糯米纸或玻璃纸包裹的称为“纸包”。卷包炸法的具体方法十分细腻，要求也极为严格。

一般地说，包和卷的技术难度不大，但要做好也不容易。首先，每个卷、包内所放入的馅料要匀称，形体大小要大致相等。其次，必须包严卷实，凡挂糊的也要挂匀挂牢，紧紧地卷，包住原料，要经得住热油浸炸，能保持原形而不散开。有的还有一些特殊要求，比如用无毒玻璃纸包料的，只要用筷子“掖角”一抖，包就会开。

包卷炸也是用大油量，由于使用原料和外皮的性质不同，必须控制好火力的大小和油温的高低，大多在四五成热至六七成热之间调节。卷、包用皮的耐热性能与油温有着密切的关系，所以，控制油温也要根据用皮耐热的程度而定。目前，大致有三种油温的炸法：一种是“先低后高”炸法，即下料时油温低，然后逐渐升高油温把原料炸熟出锅。它适用于油皮、蛋皮。这是由于油皮、蛋皮耐热程度低，遇到高油温即会焦煳。但卷、包内的馅料又要求炸得细嫩刚熟。所以油温只能在四五成热，在中等火力上浸炸3～5分钟。当油温升至七成热时，原料内部的馅料炸至嫩熟，外皮上色、松脆并浮出油面时，即可捞出控油。这种“先低后高”的炸法既适应了外皮的耐热性能，又使内部的馅料成熟。但挂糊炸时，油温则要稍高一些。另一种是“先高后低”炸法，它主要适合于耐热性能较好的外皮，如以猪网油做皮，以及有挂上糊料保护层的卷炸或包炸。油温一般

▲金丝紫薯

在六七成热，但炸的时间短，主要目的是使卷、包的表面定型、发挺，初步上色，然后立即转为小火，油温降至五成热，继续浸炸5分钟，直至原料外酥里嫩时出锅。这种炸法，除了适应外皮的耐热性能特点外，还能够取得外皮网油色黄、松脆、肥香，以及馅料鲜美细嫩的独特效果。还有一种近似"先低后高"的炸法，但有不同，即在油温的升高上有严格的限制。自始至终都是在低温的条件下完成的，主要适用于纸包炸制品。对纸包品有一个特殊要求，就是炸好以后不变色，不能泛黄。因而，油温必须定在不能使纸上色的原料，按下去浸没在油中受热以加快成熟，还要不断翻身，使之受热均匀。炸好之后，取出盛盘，拆开纸包，原料保持本色，原汁原味、鲜香扑鼻、质感软嫩。

2.工艺流程

选料→切配→腌制→拍粉或挂糊→炸制→复炸→沥油→装盘。

3.操作要求

(1) 要选用质地鲜嫩、鲜味足的动物性原料为主，如质感细腻、异味少的鱼肉、虾仁、鸡片、里脊等，植物性原料多选用香菇、笋尖、马蹄、豆腐等；

(2) 原料要加工成细小的片、丁、丝、粒或茸状，便于成熟；

(3) 包卷的皮料要均匀，不可露馅，封口要严实，拍粉时可在其外表蘸一层蛋液；

(4) 正确掌握油温，低温操作，三四成油温下锅，待油热，纸包浮起呈浅黄色即可，油温过高，纸包容易膨胀破裂，油温太低，原料容易吸入过多的油，口感油腻；

(5) 正确掌握火候，炸制火力要用中火；

(6) 纸包卷要包严实，炸制前可扎小洞，防止炸时爆裂；

(7) 原料炸制时要轻轻翻动；

(8) 成熟捞出后，要沥尽油。

4.特点

外表香软，内嫩味鲜，色泽浅黄。

5.相关菜例

油炸白菜豆腐卷、网油排骨、紫菜虾仁卷、三鲜腐衣卷等。

十三、泼炸

1.概念

泼炸就是将主料先用调味品腌渍后，用热油泼浇，使原料成熟，或原料不腌制，油泼熟后再调味的一种烹调方法。

2.工艺流程

选料→加工→腌制→热油泼→（调味）→装盘。

3.操作要求

（1）选用质地鲜嫩、形体较小的原料，便于成熟；

（2）油泼的温度不可过低，过低不容易使原料成熟；

（3）用热油泼浇时要将原料泼均匀；

（4）注意原料内外成熟一致，肉厚的地方，可用油泼多次；

（5）油量要充足，浇油时要注意手法，不可放入油锅炸制；

（6）保持一定的油温，注意原料表皮的色泽。

4.特点

鲜嫩适口，色泽明亮，味道清淡。

5.相关菜例

油泼绿豆芽、油泼鱼片、油泼腰片、油泼芦笋、油泼辣椒等。

有诗云：

“原料鲜嫩体形小，腌渍入味水分少。晾后入勺热油浇，内外成熟鲜嫩好。”

▲油泼鱼片

十四、氽炸

1.概念

氽炸是将质地较为坚硬的原料放入温油中缓缓加热炸至成熟，保持原料本色的一种烹调方法。

2.工艺流程

选料→加工→油锅小火氽炸浸炸成熟→捞出装盘。

3.操作要求

(1) 原料多选用质地较硬的果仁类，如花生米、腰果、松子仁、核桃仁、瓜子仁等，也可选用一些薯类或叶类蔬菜；

(2) 油温控制在3～4成，不可大火及高油温；

(3) 注意原料颜色的变化，不可炸至变色。

4.特点

质地酥脆，口味醇厚，香味十足。

5.相关菜例

炸花生、炸腰果、灯影牛肉、炸松仁等。

▲ 炸腰果

▲ 炸花生

▲ 灯影牛肉

任务四 熘

▲ 溜虾段

熘的技法，初始于南北朝时期，那时的“臆鱼”法和“白菹”法，即熘法的坯胎。宋代以后，出现了“醋鱼”等菜肴，即鱼（或其他原料）加热成熟后，浇淋上预制好的芡汁（如今杭州的“西湖醋鱼”一菜，仍采用此古法）。明清以后，“熘”的名词正式在食书上出现，如清代童岳荐所著《调鼎集》一书中，就有“醋熘鱼”一菜。那时，“熘”的调味品多以醋、酱、盐、糖、香糟、酒等为主，口味上有酸咸、酸甜、糟香等分别。近代菜肴中的醋熘海参、糖醋熘排骨、糟熘鱼片等，即这些古法的延续和发扬。

熘，是将加工、切配的原料，用调味品腌制入味，经油、水或蒸汽加热成熟后，再将调制的卤汁浇淋于烹调原料上，或将烹调原料投入到卤汁中翻拌的一种烹调方法。操作时，要求选料严谨、刀工精致、火候独到、芡汁适度，才能保持菜肴焦脆、酥香、爽脆、滑软、鲜嫩、汁亮、味美等不同口味质感的特点。

熘的菜肴用料较广，一般多用质地细嫩、新鲜无异味的生料，如新鲜的鸡肉、鱼肉、虾肉、里脊肉，以及皮蛋和各种青蔬的茎部等。这些原料一般要切成丝、丁、片、细条、小块等形状；整条的鱼较多。

▲ 咕咾肉

熘类菜肴按颜色划分，有白熘、红熘和黄熘，白熘的菜肴以精盐、白糖、白汤、味精、白醋等为主要调味品，成菜色泽洁白；红熘的菜肴以生抽、红糟、茄汁等为主要调味品，成菜鲜红、大红、老红不等；黄熘的菜肴以果汁、橙汁、吉士粉、料酒等为主要调味品。

熘类菜肴按口味可分为：果汁味（果汁豆腐）、醋香型（醋熘白菜）、鱼香型（鱼香肉丝）、咸香型（滑熘里脊）、糟香型（糟熘鱼片）、糖醋味（糖醋鱼）、荔枝味（荔枝肉片）、茄汁味（茄汁虾仁）、甜香味（蜜汁红果）等不同味型。

根据原料的初步热处理的传热媒介，上浆、上粉、芡汁及成菜口感，以及调味方法的不同可分为焦熘、滑熘、软熘、水熘、糟熘、糖熘、醋熘等。

熘菜的关键是熘汁，熘汁能否成功，直接关系到菜肴的质量。熘汁一般都是用淀粉、调味品和高汤勾兑而成。在熘菜将熟时，用兑好的卤汁泼入勺内，翻炒均匀。熘汁的多少与主料的数量有关。如果汁少料多，会使菜肴变得腻腻糊糊，汁芡包裹不均。熘菜讲究卤汁，而且做法也不相同，具体有浇汁、卧汁、走马汁等。

熘的菜肴在烹调过程中一般要经过三个步骤，先使原料用油或水、蒸汽加热成熟，然后调剂或制作芡汁，最后使原料与芡汁混合在一起。在原料与芡汁的混合上，又有三种方法。

兑汁法。即原料再加热过程中，根据菜肴口味要求，将所需调味品调和在一起，成为碗汁。当原料加热成熟后，将原料放入加了底油的锅中翻炒，泼入兑好的芡汁，使其成熟并均匀挂在原料表面上。

浇汁法。即原料加热成熟后，盛至餐具中，再将烹制好的芡汁浇淋在原料上面。如“西湖醋鱼”“珊瑚鳜鱼”等菜，整条鱼经水煮或过油调味后，盛在鱼盘中，再将烹调好的醋汁（食为酸甜味或果汁）浇淋在鱼身上。

卧汁法。即原料加热成熟后，先用漏勺捞起，沥净油分或水分，然后在锅中调制芡汁，芡汁浓稠成熟后（有

▲ 松鼠鳜鱼

黏性），再放入原料，迅速翻炒均匀。采用卧汁法多为焦熘小型主料的菜肴，因为焦熘的菜肴要保持成菜的焦脆特点，如采用兑汁法，芡汁过早泼入，会使原料“回软”，采用卧汁法即可避免原料“回软”。糖醋型的菜肴也是一样，芡汁中的糖要溶解，需要一段过程，卧汁法即使糖充分溶解、稠化的过程；当糖醋汁充分溶解、稠化后，再下入原料，迅速翻拌均匀成菜。“锅包肉”“糖醋鱼丁”，即采用卧汁法。

有诗云：

“油汆或者开水汆，卤汁调味要配全；主辅原料处理好，卤汁兑芡浇上面。”

熘类菜肴芡汁可分为：

包芡：也称抱芡、抱汁芡、吸汁、立芡。一般指菜肴的汤汁较少，勾芡后大部分甚至全部黏附于菜肴原料表面的一种厚芡。包芡要求菜肴原料与汤汁的比例要恰当，尤其是汤汁不宜过多，否则就难以成为包芡，还要求芡汁浓稠度要适中，过稠时菜肴原料表面芡汁无法粘裹均匀，过稀时又缺乏黏附力，芡汁在菜肴原料表面无法达到一定的厚度。多用于体形较小的焦熘类菜肴，比如“糖醋里脊”“茄汁鱼丁”“果汁山药”。

糊芡：指菜肴汤汁较多，勾芡后成糊状的一种厚芡。它以菜肴汤汁宽而浓度大为基本特征，多用于焦熘类整型菜肴，不适宜在汤中翻拌，是将芡汁浇淋于原料上，比如“糖醋黄河鲤鱼”“菊花全鱼”“松鼠鳜鱼”。

流芡：又称奶油芡、琉璃芡，是薄芡的一种。其特点类似于糊芡，但浓度要小一些。流芡就是因其在盘中可以流动而得名。它常用于滑熘、软熘、糟熘菜肴。

▲滑溜鱼片

一、滑熘

1.概念

滑熘由滑炒发展而来，就是将主料加工成丁、条、片、丝、粒、卷及剞花刀等处理后上浆，滑油后再用适量的芡汁熘制的一种烹调方法。滑熘菜肴比滑炒菜肴汤汁要宽，具有滑嫩鲜香的特点。

滑熘多用于质地细嫩松软的动物性原料，经切制、入味以后，用蛋清、淀粉上浆。烹制时用热锅凉油，油量略大，在温油中将原料滑开，滑好后盛出。同时将卤汁兑好，炝锅后倒入滑好的原料，再泼入兑好的卤汁，颠翻均匀。

2.工艺流程

选料→切配→腌制→上浆→滑油（蒸、汆）→另锅加汤汁→调味→勾芡→翻拌包裹原料→装盘。

3.操作要求

(1) 选用质地细嫩、新鲜，无异味的动物性原料为主料。如鱼肉、里脊肉、鸡脯肉、猪肝等无骨类原料。

(2) 主料要加工成片、丝、条状，大小一致，厚薄一致，

●● 有诗云：

“原料处理剞花刀，腌制上浆入味好；
冷藏放置半小时，明油亮芡兑汁炒。”

▲芹菜肉丝

▲滑溜里脊

规格统一，互不粘连，再经上浆、滑油处理。

(3) 主料上浆前要用调味品腌制入味，无异味的原料，如鱼肉、里脊肉、鸡脯肉等，需要加盐、白糖（少许）、料酒、葱姜汁即可；对于猪腰、猪肝等异味较重的原料需加白醋、花椒水去除异味，再进行腌制。

(4) 原料上浆要均匀适度，体积饱满，要浆匀、浆住。原料上浆后，不宜马上烹调，要静置30分钟以上；在静置的过程中，原料和浆汁会互相吸收、黏结，滑油时才会松发饱满。

(5) 油温不可过高，油量要大；原料宜在三成热的油温中滑熟（原料数量多，油温可高些），但火力要大些。如油温过低、火力又小，原料下油后，粉浆容易脱落；如油温过高、火力又猛，原料下油后会打团，不易滑散。原料滑油时，同时将卤汁兑好。

(6) 调制芡汁除口味准确外，水、淀粉的投放比例也要适当，如过少，芡汁包裹不住原料，如过多，芡汁会浓稠，原料会黏糊糊的，达不到质量要求。

(7) 兑制芡汁时要掌握好浓稠度和数量，要做到明油亮芡。

4.特点

色泽洁白，口感滑嫩，汁宽味浓。

5.相关菜例

滑熘里脊、滑熘鱼片、菠萝肉、柠檬肉片等。

▲ 西湖醋鱼

二、软熘

1.概念

软熘是将质地软嫩的原料经过汽蒸或焯水的方法加热至成熟，然后及时将卤汁增稠，主料再与制好的芡汁翻拌在一起，或芡汁浇淋在成熟原料上面而成菜的一种烹调方法。

2.工艺流程

选料→加工→熟处理（蒸、汆或煮）→做调味汁→勾芡→浇汁或拌裹→装盘。

3.操作要求

(1) 多选用鲜嫩易熟的原料，如鱼肉（包括整鱼）、鸡肉、猪肉、兔肉、鲜虾、鲜贝等动物性原料，以及水豆腐等植物性原料。这些原料均要质量上乘，新鲜且异味较少，最好是未经水泡的原料，否则会降低软熘菜的成品质量。无论原料用何种方法加热至成熟，都必须保持软嫩糯黏的特点。

(2) 原料多加工成条、片、小段、小块或剁成茸泥状，注意原料成型大小相等，厚薄均匀；烹制整鱼类菜肴，应在鱼身两侧分别剞上深至鱼骨的十字花刀或一字花刀，剞花刀时，应做到刀距及深浅一致，以保证成菜形态美观。

有诗云：

“原料上浆前处理，先蒸或煮操作细；原料处理小片段，标准食后少芡汁。”

(3) 用于软熘菜的配料和调味品，如白糖、淀粉、鸡蛋清、胡椒粉、清汤、食用油，均要选择质量优质产品；熘制前熟处理要恰到好处，成熟即可，可采用汽蒸或焯水的方法；整条鱼类菜肴多采用汽蒸，经过改刀上浆原料，多采用焯水预熟处理，但这种加热方法，应依据原料形状、大小和质地，灵活掌握方法及成熟时间。

(4) 适合焯水的原料，通常有整鱼、豆腐、熟肥肠等，沸水中加料酒、盐、葱姜、色拉油等调味品。其作用是去除血污和异味，给原料打底味，确保成菜色泽鲜亮、味道鲜美。

(5) 原料上浆。这种方法适宜于动物性原料，如鸡片、猪里脊片等。其作用是能保持原料内部的营养成分，保持原料的形态，给原料打底味，使成菜的口感更加滑嫩。

（6）调味成型。通常是剁成茸泥的鸡肉原料，加入蛋清、淀粉、盐。其作用是增加口味和嫩度，便于菜品成型。

（7）卤汁不可太稠或太稀，熘制的卤汁应宽些。软熘勾芡是保证成菜达到晶莹光洁、透明滑润的效果。关键是所勾芡汁的色泽、口味、浓度、数量要适中、准确、适当。如果芡汁过浓，无法将原料粘裹均匀；过稀，芡汁缺乏黏附力，无法在原料表面达到一定的厚度。软熘的芡汁要求是一部分挂在菜肴上，一部分呈玻璃状流于盘中，食完菜肴后，盘内只剩余少部分芡汁为标准。

4.特点

鲜嫩滑软，汁多味美，色泽素雅。

5.相关菜例

熘鸡脯、西湖醋鱼、熘虾球、五柳鱼、熘蛎黄蛋乳、熘菜心等。

●● 有诗云：

“原料整型或剞刀，先行腌制裹味好；拍粉或糊需炸透，调味熬汁趁热浇。”

三、脆熘

1.概念

脆熘又称炸熘、焦熘，是先将主料经过刀工处理或整型原料剞刀处理，调味品腌制入底味，通过拍粉、挂糊过油炸制成酥脆程度，再用兑好的芡汁，投入炸好主料翻拌均匀或芡汁浇淋在原料上熘制成菜的方法。炸制时，需用大油锅，油量要多，旺火热油，炸至深黄色发硬时取出。然后另起小油锅，油量根据需要卤汁多少而定，油热时先放入葱姜，再放料酒、糖、盐，另加湿团粉勾芡，最后加上麻油、蒜泥及醋做成卤汁，将卤汁浇淋在原料上。

这种卤汁，基本上是油质的，起油锅与做卤汁的两个过程必须结合进行，即原料还在油锅内炸时，就要同时做卤汁，待原料出锅时，卤汁也已做好，这时趁原料沸热浇上卤汁，更能入味。这种做法的口味是外酥脆、里香嫩。

2.工艺流程

选料→切配（整型剞刀）→腌制→拍粉或挂糊→炸制→另锅调味汁→勾芡→浇汁或拌→装盘。

3.操作要求

（1）动物性原料应选用质地细嫩、新鲜，无异味的为主料，如里脊肉、虾仁、鱼类等；植物性原料应选用质地鲜嫩，含水分较少，新鲜无异味的为主料，如香菇、蘑菇、冬

▲ 焦溜双段

瓜、地瓜、茄子、玉米粒、苹果等。

(2) 主料多加工成片、块、条、丁、球等形状，要求大小相等，厚薄一致，互不粘连；整条、整块使用时，需要花刀处理，应做到刀距及深浅一致，以保证成菜形态美观。

(3) 主料需要腌制入味。根据风味不同，通常加入盐、料酒、葱、姜、蒜、白糖以及特殊风味调味品，目的是去异味，打底味，增香味。一般要用精盐和其他调味品腌制，其调味程度在三四成之间，通过芡汁的熘制后才能完全够味。因此，原料的腌味和芡汁的口味要互相配合，腌味的口味是三成，芡汁的口味应该是七成。

(4) 根据菜肴风味要求。为保持原料形体完整，外皮酥香，在原料表面拍上一层粉（面粉、淀粉、吉士粉）或挂上适宜的浆糊再炸制，挂糊要均匀。如原料水分过多，一定先用毛巾吸附水分，或者表面拍上一层干粉，可以吸附原料表面水分，再进行挂糊黏合，油炸时才不会出现脱糊。

(5) 炸制时，要灵活掌握火候。原料要炸透，一般原料要进行两遍油炸处理，第一遍原料挂糊或拍粉后，投入五成油温中炸至定型，捞出原料水分外溢，再进行复炸，油温升至六七成，炸至原料色泽金黄，外酥里嫩成熟。

(6) 原料在炸制时，油的数量应是原料的4倍左右，油温宜在150°C～200°C左右时炸制。原料下入后要避免互相粘连，如粘连应及时打散，使其受热均匀。

(7) 卤汁要注意油水比例，汤汁要适量，芡汁处理要黏稠适度，卤汁要明亮，出锅要及时，装盘要美观。

(8) 对于小型原料，采用卧芡法，芡汁浓稠度为包芡，油炸原料投入芡汁中翻拌，使芡汁均匀包裹原料，表面色泽明亮，琉璃透明，诱人食欲；对于大型原料，应采用浇汁法，芡汁浓稠度为糊芡，将芡汁均匀浇在原料上，厚薄一致，盘底有芡汁。

(9) 炸熘菜肴的芡汁，其数量与水淀粉的稠度均要适当，以包裹均匀原料为准，不宜过多翻锅；同时熘制的速度要迅速、快捷。

4.特点

色泽金黄，外酥内嫩，口味多变，味浓汁宽

5.相关菜例

脆熘荔枝肉、焦熘肉、焦熘大肠、焦熘排骨、焦熘丸子、焦熘豆腐等。

四、糟熘

1.概念

糟熘是将质地软嫩的主料经改刀处理、腌制、上浆，经过滑油或焯水的方法加热至成熟，然后及时将糟香卤汁加热勾芡增稠，再与制好的主料翻拌在一起，或芡汁浇淋在成熟原料上面成菜，调味过程中，注重突出糟的醇厚浓香口味的一种烹调方法。

糟汁调配，关键在于酒糟的选用、加工、使用。在调味过程中，要加重糟香的口味。糟汁的具体做法是将酒糟和黄酒调和，加入香料水，一起入纱布中吊制，至糟汁清澈即可。糟汁调配比例：500克糟汁、2500克黄酒、150克盐、200克糖、250克桂花酱调配兑在一起，密封两天，过滤即可使用。

2.工艺流程

选料→切配→上浆（植物性原料不上浆）→滑油→用香糟汁调味卤汁→浇汁或拌裹→装盘。

3.操作要求

(1) 选用质地细嫩、新鲜，无异味的动植物性原料为主料，多以鱼类、海鲜类原料为主。

(2) 选用鱼肉、虾肉等烹制糟熘菜肴，多加工成条、片、小段、小块或剁成茸泥状，要注意原料成型大小相等，厚薄均匀。

(3) 原料改刀后再上浆，调味成型，通常是鸡肉原料，加入蛋清、淀粉、盐，其作用是增加口味和嫩度，便于菜品成型。

(4) 焯水原料，要经调味品腌制，放入沸汤或沸水中烫熟，汤中要加底盐、白糖、色拉油，火要旺，汤要沸，汤汁是原料的3倍即可，汤汁过多会使原料营养、鲜味物质流失过多，影响菜肴味道。

(5) 滑油原料要经腌制、上浆处理，以三成油温滑油。

(6) 卤汁要适量，滋味要浓厚。糟卤的卤汁以香糟卤为主，添加少量鲜汤、料酒、姜汁、白糖、盐等调味品，其总量以勾芡后裹满原料表面，且有少量余汁分布盘底为度，少则味不浓，多则不美观。

4.特点

软嫩清淡，糟香醇厚，滑嫩鲜美。

5.相关菜例

糟熘鱼片、糟熘三白、糟熘里脊、糟熘虾片等。

▲ 糟溜三白

▲ 醋熘肝尖

▲ 醋熘肥肠

▲ 醋熘白菜

●● 有诗云：

"醋熘酸味比例大，烹同焦熘同手法；原料熟处理上浆，味道醇香嫩软滑。"

五、醋熘

1.概念

在熘制过程中，调味品中酸味的比例稍大，口味偏酸。制法接近或同于焦熘、软熘、滑熘。

2.工艺流程

选料→加工→熟处理（蒸、氽或煮）→做调味汁→勾芡→浇汁或拌裹→装盘。

3.操作要求

（1）选用质地细嫩、新鲜，无异味的动植物性原料为主料；

（2）主料要加工成片、丝、条状，厚薄一致，规格统一，互不粘连，再上浆、滑油处理；

（3）主料上浆前要用调味品腌制入味；

（4）原料上浆要均匀适度，体积饱满，要浆匀、浆住；

（5）必须掌握好酸味的程度。酸味是一种较强的刺激味，不可单独使用，如糖醋味、酸辣味、酸甜味等，与其他调味品共同使用时也要考虑到味觉的变化因素，只要酸味稍有突出即可。另外，在许多复合味汁的调配中离不开醋的加入，如茄汁味、荔枝味，它们在调配时都需要加入一定的醋，可调节丰富菜肴味型。此外醋具有很强的挥发性，在调味时可挥发其他调味品无法达到的调味作用，不仅可以去除腥味、异味，还可以将菜品中的香气挥发出来。

4.特点

软嫩清淡，醋味醇厚，滑嫩鲜美。

5.相关菜例

醋熘白菜、醋熘青椒、醋熘鳜鱼、醋熘肝尖、醋熘肥肠等。

▲ 水熘里脊

六、水熘

1.概念

水熘一般使用动物性原料，将原料改刀腌制后，用蛋清、淀粉上浆，放入沸水、沸汤中滑开，入勺烹入兑好的芡汁，淋明油出勺。

2.工艺流程

选料→改刀成型→腌制→上浆或拍粉→焯水成熟→另锅调味汁→勾芡→翻拌包裹原料→出锅装盘。

3.操作要求

(1) 选用质地细嫩、新鲜，无异味的动物性原料为主料，如鱼肉、里脊肉、鸡脯肉、鸡蛋等无骨类原料；

(2) 主料要加工成片、丝、茸泥状，厚薄一致，规格统一，互不粘连；

(3) 加入蛋清、淀粉进行上浆，也可以原料腌制入味后直接拍粉，上浆或拍粉要均匀；

(4) 原料放入沸汤中焯水烫至成熟，沸汤中加盐、白糖、料酒、葱姜打底味，不加油；

(5) 用水淀粉勾成二流芡，倒入原料，使原料与芡汁翻拌均匀，淋入香油或鸡油，即可装盘。

4.特点

软嫩清淡，滑嫩鲜美。

5.相关菜例

水熘里脊、水熘凤片、水熘鱼丸等。

有诗云：

"动物原料改刀腌，蛋粉上浆焯水汆；另锅调味打芡汁，翻拌包裹可装盘。"

▲ 蜜润山药

●● 有诗云：

"原料去皮须清洗，改刀形状要一致；焯水过油去异味，烹调关键熬糖汁。"

▲ 蜜润莲子

▲ 蜜汁南瓜

七、糖熘

1.概念

在熘制过程中，调味品中甜味的比例稍大，口味偏甜。制法接近或同于焦熘、软熘、滑熘。

2.工艺流程

选料→加工→熟处理（蒸、氽或煮）→做糖汁→浇汁或拌裹→装盘。

3.操作要求

(1) 多选用薯类含淀粉较多的原料，如地瓜、山药、南瓜、莲藕、马蹄、莲子。还可以选用米、水果、果脯等原料，经过初处理蒸馏、收汁，制作菜肴，突出甜香味，如大米、银杏、蜜枣、果脯。

(2) 原料要经过去皮清洗处理，小型原料选用整个最好，如马蹄、莲子，大型原料可以改成块、条、厚片，要求大小一致，厚薄均匀。

(3) 改刀成型的主料，经过焯水或过油初步熟处理。焯水的目的是去除原料表面异味，使原料吸水膨胀。过油的目的是使淀粉类原料表皮起皱，包裹原料，加热时保持形体完整，不破碎。

(4) 主要在于糖汁熬制，加热收汁不勾芡，要注重糖汁的甜度、浓稠度、清洁度等。根据菜肴风味汤汁要求，可以勾入水淀粉。

4.特点

香甜适口，质感软糯，风味独特。

5.相关菜例

蜜润银杏、蜜润莲子、蜜润山药、吊地瓜等。

▲ 香煎银鳕鱼

任务五 煎

煎是指以少量油加入锅内，放入加工处理成泥、粒状的饼状或挂糊的片形等半成品原料，用小火加热成熟并两面至酥脆呈金黄色成菜的烹调方法。原料一般为一种主料，多选用质地细腻、鲜嫩的肉类、水产等，并加工成厚片或块状，也可加工成泥状。

煎菜口味丰富，可咸鲜、麻辣、咖喱、鱼香、香辣、酸辣、清香、鲍汁、黑椒、柠檬、酱香、糖醋等。

原料根据菜肴需要进行腌制、上浆、拍粉或挂糊，腌制可确定菜肴的基本味型，糊浆可以保证原料外层酥脆，也可以滚蘸面包糠等。

煎法是一次性加热成菜，加热过程中不加入调味品调味，菜肴口味主要是通过事先腌制入味或成菜后配蘸料辅助调味。

原料煎制前，锅要烧热滑透，原料入锅后，以中小火为宜，并不断晃动转锅，防止原料粘锅，并保证原料受热均匀，色泽一致，同时可以一边煎制，一边沿锅边淋入少量的油。

煎制的菜肴需要两面煎制，一般在原料一面煎至金黄色后，再煎制另一面，煎制的时间视原料的性质以及形态而定，一般7~10分钟即可。

煎制的用油量必须适量。油太少，锅不滑，原料难以在锅中滑动，影响原料在锅内的火候调节，致使原料局部煎黑；油太多，则不是煎制而成为炸制菜，无煎菜的特色。准确的加油量以锅底始终有一层薄油为宜，边煎边加油来控制。

煎制时间要控制好，如是易熟的原料，煎制时间可短一些；较难熟的原料，煎制时间可相应长一些。

煎制的菜有的需要最后淋入清汁，可用清水、淡汤，也可根据成菜的味道淋一些果汁。淋清汁的目的是，清汁与油融合，可降低油温，并产生蒸汽，从而使原料外表油润金黄且容易成熟。但须注意：淋入的清汁不要太多，否则会使表面的蛋糊变得稀软，甚至脱落。

有诗云：

“锅底油布匀，原料拖糊粉。两面煎金黄，特点酥香嫩。”

▲ 干煎鲅鱼饼

▲ 干煎带鱼

煎制菜肴腌制入味不能过咸或过淡；上粉或挂浆不能过厚；煎制的时间要掌握好，煎熟即可。

具体有干煎、酥煎、湿煎、香煎、软煎、生煎、南煎等。煎法还是其他技法的前期辅助手法，如煎蒸、煎烧、煎熘、煎焖等。

一、干煎

1.概念

干煎就是把小型扁平状的原料腌渍入味后，拍粉或拖蛋液放入少量油锅中用小火加热至表面金黄酥脆的一种煎法。

2.工艺流程

选料→切配→腌制→拍粉或拖蛋液→煎制→成熟→装盘。

3.操作要求

(1) 煎制菜肴多选用质地细嫩，无异味的原料；

(2) 原料加工成片状，厚度0.5~1cm，便于煎制成熟；

(3) 原料腌制要恰当，入味即可；

(4) 拍粉要少而匀，蛋液要拖均匀；

(5) 煎时火力不宜过大，以免发生外焦煳、内不熟；

(6) 煎制时，要勤晃锅、翻动，使两面煎制均匀；

(7) 大块或大片的煎制，出锅后要改刀装盘。

4.特点

外香酥，内软嫩，无汁无芡，色泽金黄。

5.相关菜例

干煎带鱼、干煎豆腐、干煎鱼排、干煎猪排、干煎鲅鱼饼、干煎大虾等。

●● 有诗云：

“小型扁平原料选，调味拌匀入味腌；
拍粉或者拖蛋液，平锅中火两面煎。”

二、软煎

1.概念

软煎属“半煎炸法”，就是将经过刀工处理、腌制入味的较大的鲜嫩、松软的生肉料拌上“蛋粉浆”或拍上薄干粉，或将原料经蒸制或煮制成熟后塌成细泥状，再将原料调味后加工成一定形状，利用中慢火先煎后炸的手法，使肉料表面呈金黄色至熟，然后切件淋上酱汁的烹调方法。

由于软煎原料表面有鸡蛋液，在加热煎制时可保持原料内部的较多水分，使成菜具有色泽金黄、柔软香嫩、咸鲜味美、油润浓郁的特点。代表菜肴有软煎鸡脯、软煎嫩鸭、软煎香菇、软煎蹄筋等。制作软煎菜看似容易，其实也有一定的难度，需正确掌握操作要领，才能煎制出符合质量要求的菜品。

适宜软煎法成菜的主料，可用质地鲜嫩的肌肉原料，如鸡脯肉、猪里脊肉、虾仁、鸽脯肉、鱼肉等，且要求原料新鲜、柔嫩、血污少、无异味。也可选用一些蔬菜、菌类原料，如西红柿、茄子、土豆等茎块类的时蔬和香菇、平菇等扁平状的菌类。对时蔬原料均要求新鲜、皮薄，菌类要求个大、肉厚、味正。另外，还可选用一些动物性熟料作为软煎主料，如排骨、鸡中翅等，对这些原料要求制熟程度适中，不能过烂失形。部分水发类制品也可用于软煎，如水发鱼肚、水发蹄筋、水发海参等，但要求这些原料涨发适度，松软且富有弹性。

原料的刀工处理，通常都是将其改刀成扁形或厚片形。所改原料形状必须大小相同，厚薄一致，以使原料受热一致，同时成熟，成菜后形态美观，口感良好。制作软煎菜，有些原料在刀工时还需作特殊处理，如大虾肉，应先用刀尖在虾身上面划几刀，再改刀，以使虾肉片在受热时不卷曲变形。又如猪里脊片，切好后应用刀面将其拍几下，以使其肌纤维分离和肌肉组织变得疏松，更容易成熟和入味。形态较小的原料，则不需要刀工处理，直接使用。

软煎类菜肴一般不用蘸料，直接上席食用（有特殊要求的除外），所以，原料在煎制前的调味处理尤其重要。软煎类菜肴的调味方法有两种，一是将原料焯水后，放入已调好味的鲜汤中煮入味，一般都是用精盐、味精、料酒、葱、姜、胡椒粉等调成咸鲜味型，捞出沥干水分即可，适宜此种方法的原料有水油发原料和菌类原料。二是将改刀后的原料，加入各种调味品，拌匀腌渍5～10分钟入味。这种方法适宜肌肉类、熟料类和时蔬类原料，可在咸鲜味的基础上增添辣椒面、孜然粉、沙

▲ 软煎鸡扒

▲ 软煎猪排

▲软煎牛排

●● 有诗云:

"质地细嫩原料选，切配改刀味料腌；拖蛋拍粉油煎制，勾芡淋芡可装盘。"

茶酱、柱侯酱等调味品，调成麻辣味、孜然味、海鲜味等味型。

应用于软煎法的蛋糊不应调得太稠，否则会挂得太厚，最终影响成菜口感。调制蛋糊的用料量，通常是1个鸡蛋调入35克面粉。调制时，若将面粉直接放进蛋液里搅和，极易出现蛋液包裹面粉的小团很不容易搅开，故面粉应先用少许清水浸湿，再放入蛋液中搅匀。

挂糊前，应将腌制入味的原料，拍匀一层面粉，并抖掉余粉，然后再挂匀蛋糊为好。为什么要先拍干面粉而不直接挂糊呢？一是因为原料调味后，表面或多或少含有一些水分，若直接挂糊，则不容易挂匀；如拍上一层干面粉后，面粉会吸收一部分水分，并使原料表面变得相对粗糙一些，容易挂匀蛋糊。二是在加热煎制时，面粉会产生一定黏性，从而会将原料与蛋糊牢牢地黏结在一起，可避免蛋糊在煎制时脱落。但所拍干面粉不要太厚，以免影响成菜的软嫩质感，通常是在拍上干面粉后，能隐约看见原料表面为好。

2.工艺流程

选料→切配→腌制→拖蛋液→拍粉→煎制→勾芡或淋芡→装盘。

3.操作要求

(1) 煎制菜肴多选用质地细嫩，无异味的原料，要事先腌制；

(2) 拖蛋液和拍粉要均匀，薄而略带湿润；

(3) 煎制时小火，煎制均匀；

(4) 煎制时注意铁锅受热均匀，以保证成品色泽均匀；

(5) 油量不宜过多；

(6) 芡汁要恰到好处。

4.特点

色泽淡黄，外香酥，柔嫩软滑，味香醇厚。

5相关菜例

软煎牛排、软煎鸡脯、黑椒煎牛柳、橙汁软煎鸡、果汁猪扒等。

●● 有诗云：

"原料剁茸做成饼，两面煎黄香味浓；调味勾芡饼上浇，成品鲜嫩色泽红。"

三、南煎

1.概念

南煎是将原料制成细茸，做成厚饼状，然后煎制两面金黄，调味勾芡出锅成菜的一种方法。

2.工艺流程

选料→切配→喂味→拍粉或挂糊→炸制→炒制调味→装盘。

3.操作要求

(1) 原料制成细茸，茸要细腻，调味要恰当；

(2) 锅要洗干净，要将炒锅滑润好；

(3) 煎时火力不宜过大，要均匀；

(4) 煎制时，油量要适中，煎制要均匀；

(5) 勾芡不可过稠，成品要明亮。

4.特点

色泽红润明亮，鲜嫩香醇味美。

5.相关菜例

南煎丸子、南煎豆腐等。

▲黄金带鱼

▲酥煎藕饼

四、酥煎

1.概念

酥煎就是将原料腌制入味后，挂酥皮糊后再入存底油锅中煎制成熟，成品酥香的烹调方法。

2.工艺流程

选料→切配→腌制→拍粉或拖蛋液→煎制→成熟→装盘。

3.操作要求

(1) 煎制菜肴多选用质地鲜嫩，无异味的动物性原料；

(2) 原料加工成丁、条等小型块状，便于煎制酥香；

(3) 原料要事先腌制，入味即可；

(4) 酥皮糊要调制均匀，黏稠适中；

(5) 煎时火力不宜过大，以免发生外焦煳，内不熟；

(6) 煎制时，要勤晃锅、翻动，使两面煎制均匀，保证外皮酥香。

4.特点

外香酥，内软嫩，无汁无芡，色泽金黄。

5.相关菜例

酥煎带鱼、酥煎大虾、酥煎里脊、酥煎鸡柳、酥煎虾饼、酥煎藕饼等。

●● 有诗云：

"原料入味需先腌，挂酥皮糊油锅煎；火力均匀不宜大，煎好酥黄无汁芡。"

任务六 贴

▲ 锅贴虾

1.概念

贴是指用两种以上扁平状原料叠合在一起，成饼状或厚片状，放在加少量油的锅中用中小火加热煎制，使贴锅的一面酥脆，另一面软嫩的烹调方法。贴法是煎法的延伸。

贴法通常是用两种以上原料，一种贴底（与锅接触的一面），上面再叠合一种以上的原料，贴底一般为猪肥膘，由于其含油脂多，贴制时不宜焦煳，也不容易粘锅，并可产生油润香酥的质感，猪肥膘要事先煮至断生，取出凉凉再片成型，肥膘煮熟是为了贴制时不易收缩变形，以免影响菜肴形状。叠合的原料可以是细嫩的肉类、鱼虾等，也可铺抹一层茸泥。

主配料多加工成片状，便于叠合，片状的标准一般为长5cm，宽2.5cm，厚0.4cm，也可以将一种原料加工成连刀的夹刀片，中间夹上其他片状原料或茸泥，叠合处要涂抹蛋液，增加黏合力，防止脱落。

贴所用的主配料都要加工成片状，便于叠合，加热过程中只煎原料底层一面。有“一面为贴，两面为煎”的说法。油量比煎要多一些，达到原料厚度的一半，不能淹没原料。成熟时浇泼热油，装盘时滗净余油。

贴制的菜肴，一面金黄一面本色、一面酥脆一面软嫩、一面油润一面清鲜。叠合时可以数层相叠，也可以加入肉泥等茸状再叠合，一般底层用肥膘片较多，也有的用油皮或蛋皮等包起。

贴制菜调味因菜而异。有些要事先腌渍（加热中不加调味品，加配味汁），有些制成茸泥加调味品，有些在糊中加调味品，再加热成熟烹入适量液汁，如油液体调味品鲜汤或水，盖紧锅盖稍焖一下，液汁的汽化将原料焖熟使滋味浸入原料内部。

2.工艺流程

选料→切配→腌制→叠合成型→煎制→沥油→装盘。

▲ 杏汁锅贴带子

3.操作要求

(1) 要选用鲜嫩易于成熟的原料，多选用细嫩的动物性原料;

(2) 所用主辅料均加工成片状，厚薄一致，也可加工成茸状，涂抹在片状的原料上（多用肥膘）;

(3) 肥膘煮至断生即可，不可过老，片片厚薄均匀;

(4) 贴制过程中动作要轻，下锅时，轻轻摆入，不要将原料碰碎;

(5) 煎制时，油量要多一点，达到原料厚度的一半，但不能淹没原料;

(6) 正确掌握贴制时的火候和油温，多用中小火，煎制的一面要酥脆、呈金黄色;

(7) 在加热快成熟时，可以烹入适量鲜汤或水，盖紧锅盖稍焖一下，液汁的汽化将原料焖熟使滋味浸入原料内部。

(8) 贴制菜肴一面金黄一面本色，一面酥脆一面软嫩，一面油润一面清鲜。

4.特点

形状美观，底面酥脆，上面软嫩，鲜香味美，风味独特。

5.相关菜例

锅贴鸡、千层鲈鱼、锅贴长鱼、杏汁锅贴带子、锅贴虾等。

有诗云:

“易熟原料改成片，腌制叠合上锅煎；贴底一面贴肥膘，一面酥脆一面软。”

任务七 烹

▲ 煎烹银雪鱼

烹是将改刀成条、块、段的小型原料，挂糊或不挂糊，用旺火热油炸或煎成金黄色，再入锅烹入调味汁，快速翻拌成菜的烹调方法。

一般以鸡、鸭、鱼、虾、肉类为主料的菜肴，要把挂糊的或不挂糊的片、丝、块、段用旺火热油先炸一遍，锅中留少许底油置于旺火上，将炸好的主料放入，然后加入单一的调味品（不用淀粉），或加入多种调味品兑成的芡汁（用淀粉），快速翻炒即成。

以蔬菜为主料的菜肴，可把主料直接用来烹炒，也可把主料用开水烫后再烹炒。烹，是在煎或炸的基础上，烹上清汁入味成菜的一种烹调技法。

使用"烹"制作的菜肴汁清，不加芡粉呈隐红色，配料一般用葱姜丝、蒜片、香菜段，口味特点是吃口咸鲜，吃口微带酸甜。

烹类菜肴一般只选用肉质饱满肥润、鲜嫩易熟的原料，如鸡、鸭、鱼、肉、虾、蟹等，或质地脆嫩易熟的时令蔬菜，这些原料一般改刀成条、段、块、片等小型形状，以保证菜肴的质量要求。

烹可分为炸烹、煎烹、炒烹、醋烹等。

一、炸烹

1.概念

炸烹是烹制技法中最基本的方法，行业有“逢烹必炸”之说。就是将原料经炸制成熟后，再调入调味清汁，迅速搅拌成菜的一种方法。

具体做法就是将经过改刀成片、段、条、块等形状的原料腌渍入味，用旺火热油炸熟，再用葱、姜炝锅，放入主料，烹入清汁，迅速颠翻，出锅装盘即成。

2.工艺流程

选料→切配→挂糊→炸制→烹汁→装盘。

3.操作要求

(1) 多选用质地细腻的原料，刀工处理要大小一致；

(2) 炸制时油量要多，要全部淹没主料，最好使用清油；

(3) 炸制时要注意火候，旺火热油，快速炸制，原料要炸透，油温应掌握在八成以上，油温低了，不但不能炸至酥透，也会影响锅内烹汁的吸收，不能保证风味质量；

(4) 要采用两次复炸法，第一次下锅炸3～4分钟，视原料浮出油面，用漏勺捞出，当油温再升高至七八成热时，再次下锅，炸至外皮呈金黄色，原料既酥脆，又炸出了部分水分，有利于吸收调味汁；

(5) 烹汁时火力要旺，做到旺火速成，卤汁多少要与主料相适宜。

4.特点

外香里嫩，略带汤汁，爽口不腻。

5.相关菜例

炸烹大虾、炸烹里脊、炸烹仔鸡、炸烹带鱼等。

有诗云：

“原料改刀腌入味，拍粉挂糊炸酥脆；复炸回锅兑汁芡，外酥里嫩带汤汁。”

▲ 炸烹带鱼

二、煎烹

1.概念

煎烹是原料经过煎熟后，再用调味汁急速拌炒的一种烹调方法。

一般是将主料先经刀工处理后，腌渍入味，挂糊，拍粉或拖蛋液煎熟，再入旺火热锅中用调味清汁烹制成菜。

2.工艺流程

选料→切配→煎制→烹汁、调味→装盘。

●● 有诗云：

“改刀入味油锅煎，加油晃匀别煎散；烹时火力要调猛，略带汤汁爽口鲜。”

3.操作要求

(1) 煎制主料用锅，以平底为好，锅底要光滑，因煎烹菜肴的原料多数质地软嫩，易散碎，所以应先用中小火将锅烧热，加油晃均匀，再将原料下锅，这样可保证原料形状完整，煎制要求两面呈金黄色；

(2) 煎制时要用中小火力，注意油温变化，以免焦煳，要注意随时加油，用油量不可淹没主料，油少可随时加入，并随时晃动煎锅，这样不仅可防止巴锅，而且可防止上色不匀；

(3) 烹汁时火力要旺，做到旺火速成；

(4) 卤汁多少要与主料相适宜。

4.特点

色泽金黄，略带汤汁，爽口不腻。

5.相关菜例

煎烹带鱼、煎烹豆腐、煎烹肉饼等。

▲ 煎烹豆腐

三、炒烹

1.概念

炒烹是将脆嫩的蔬菜改刀成较小的丝、细条状，放在有热底油的锅中用旺火煸炒至断生，然后烹入清汁成菜的一种烹法。

适宜炒烹的原料多为植物性的。如叶类蔬菜的洋白菜、紫甘蓝、韭菜、油菜等；根类蔬菜的红萝卜、白萝卜、莲藕等；果类蔬菜的茄子、青椒、冬瓜、黄瓜等；茎类蔬菜的土豆、洋葱、莴笋等；菌类的香菇、木耳、银耳、茶树菇等。上述原料不论是何种，都要求新鲜、质地细嫩。此外，鸡蛋、绿豆芽也是炒烹菜的常用原料。各种调味品如醋、生抽、食油等也要选上等品质的。

在正式炒制前应兑好汁，用鲜汤放在小碗内，依次加入适量精盐、味精、胡椒粉、香醋等调匀兑汁即可。兑汁所用鲜汤量要掌握好，过多或过少，均达不到炒烹菜的质量要求。一般是以食后盘底有少许清汁为度；各种调味的量也要控制好。因主料不经腌渍入味，故加盐量应做到心中有数，以透出咸味为好。若像炸烹法所用汤汁一样，成菜味道肯定过淡；炒烹菜的味型多调成咸鲜味，也可根据原料的特点，加大醋的量，做成咸酸味，或加大白糖和醋的量，调成酸甜味，制成风味各异的炸烹菜品。所用味汁为无色清汁，即不加酱油和水淀粉，以体现炒烹菜清鲜爽口的特点。

下锅原料数量的多少与锅中油的温度有很大关系。如将很多原料一次下锅，必然会降低锅内油的温度。因此，一次下锅原料较多，油的温度也会略高。

原料下锅前必须沥尽水分。单一原料的可一次下锅；多种原料的应先将质老的下锅，后下质嫩的。原料下锅之后，需反复翻炒，使其在短时间内均匀受热。原料下锅后应先加少许醋，这样可保持蔬菜内部水分不外溢，以减少营养素的流失，保证成菜脆嫩的口感。如要突出辣味，可在炝锅时加入一些辣椒丝。

炒制时，必须用旺火。这样锅内不会有汤，且有干燥现象。待加入清汁烹炒，即有油润明亮的效果。如果炒时火小，原料会渗出一些水分，再加上烹入的清汁，则成菜后会有汤汁，达不到炒烹菜的质量要求。

炒制的时间要控制好。如青椒要求色泽鲜艳，若烹制时间过长，色泽就会变黄，口感也变得绵软；反之，则原料不熟，无法食用。一般的经验为：若是蔬菜，下锅后会发出响声，待响声停止后，就说明已基本成熟，要求脆嫩的应马上烹入清汁起锅，要求软嫩的则稍迟一会儿烹入清汁起锅。

▲ 炒烹时蔬

有诗云：

“脆嫩蔬菜改丝条，上锅热油旺火炒；调味适口兑芡汁，炒制时间控制好。”

2.工艺流程

选料→切配→炒制→烹汁、调味→装盘。

3.操作要求

(1) 多选用质脆的植物性原料。

(2) 原料的刀工处理多是较小形状的丝、细条，要求粗细均匀，长短一致，互不粘连。如切得太粗，不能在很短时间内吸收味汁的鲜美味道；若切得一头粗一头细，则会影响成菜的形态美观。

(3) 炒烹菜的原料一般不用腌渍，不用挂糊。

(4) 炒制原料的过程中，锅内要始终保持高温，旺火热油，快速制作，以保证原料脆嫩滑爽的特色。

(5) 有的原料在炒制前须经初步焯水，但宜沸水下锅，快速起锅，且要保证火力旺盛。

4.特点

质感爽脆，口味多端，风味独特。

5.相关菜例

烹辣椒、香辣紫甘蓝、泡椒烹豆芽、炒烹茄丝、香醋烹蛋、醋烹白菜、炒烹藕丝等。

任务八 拔丝

▲ 拔丝红薯

拔丝是将经过油炸的小型原料，均匀裹上用糖熬制能拔出丝的糖浆的一种烹调方法。吃时有绵绵不断的丝，香甜爽脆，趣味盎然，深受人们的喜爱。拔丝技法难度较大，要想制作好这类菜实非易事。

“拔丝技法就是强，锅内慢火来熬糖。主料炸熟与糖掺，条条银丝出玉盘。原料挂糊容易塌，使用油拔质量佳。水拔熬糖易掌握，拔丝肉类用得着。油水混合更容易，一切原料都适宜。还有锅底沉油拔，主料白糖一齐炸。”这是对拔丝技法的概括。

拔丝又称糖熘、拉丝。从古代熬糖法演变而来。明朝《易牙遗意》一书中记载元代“麻糖”制法时说：“凡熬糖——有牵丝方好。”清代始出现拔丝菜肴的名称，如“拔丝山药”。拔丝菜肴最初流行于我国北方，京、鲁、徐州（婚宴必吃）一带较为流行。现在全国各地均有拔丝技法。

具体有油拔、水拔、混合拔。油拔传热快，保温时间稍长；水拔需要把水分熬干，保温时间稍短。

制作拔丝菜的主料，可选动物性肉类原料，如猪肥膘肉、猪里脊肉、鸡脯肉、净鱼肉等。还可选新鲜水果、干果和部分植物性根茎类原料，如莲子、桂圆、苹果、梨、桃、土豆、山药、马蹄、藕、马铃薯、红薯等。此外，像豆腐、鸡蛋、锅巴、豆沙等，也是制作拔丝菜的常用原料。有的地区也用山楂糕、切糕、澄沙和制作冰淇淋的用料来作原料。

制作拔丝菜的配料，通常有鸡蛋、淀粉和面粉。选用这些配料时，应该注意质量，特别是面粉的质量，最好选用筋力小的普通面粉。

制作拔丝菜的调味品只有一种——白糖。我们知道，白糖有绵白糖和白砂糖两种，而制作拔丝菜最好选用绵白糖。这是因为绵白糖中含有20%的转化糖，而转化糖能抑制糖浆熬制过程中的晶体形成（影响糖浆在形成无定形玻璃体时的亮度和脆度），最终影响拔丝菜的出丝效果。

制作拔丝菜时，小型原料可保持原有形状，不作刀工处理；大型原料则需要改刀处理。运用不同的刀法，将原料切成四方块、骨牌块、滚刀块、梳背块，或是切成段、条，或是修切成圆球形。注意：不管将原料切成何种形状，均要求切得大小均匀、长短一致，还不能有连刀。

有些拔丝菜还需用卷、包、酿等不同的手法，先将原料生坯做成圆筒状、佛手状、葫芦状、春蚕形等，这就需要把原料切成薄片或剁成泥，这里的片要求大小、厚薄一致，茸泥也要细腻。包制成型后，大小也要差不多。

另外，对于一些刀工处理后容易发生酶促褐变的原料（如土豆、茄子、藕），需要先用清水或柠檬水泡好，以保证其鲜艳的色彩。

制作拔丝菜的原料，须先经油炸再行拔丝。原料经油炸时分挂糊和不挂糊两类，使用蛋类和水果类原料时均须拍粉挂糊，比如鲜果和肉类原料。这是因为原料内部水分经油炸后，并不能将其全部炸干，而进入糖液中拔丝时，水分会析出，使已炒好的糖液因增加水分而析出晶粒，从而拔不出丝来。所以对含水量较高的原料，都需拍粉挂糊，而对含水量低的蔬菜中的根茎原料，则可以不挂糊，炸后即可拔丝成菜。

糊一般分为全蛋糊、蛋清糊、蛋泡糊、水粉糊、酥糊等。常用的一种是蛋粉糊（用鸡蛋和面粉或淀粉调成的糊），做蛋类的拔丝菜肴时，一般常用此糊，如拔丝黄菜、拔丝肉段；另一种是雪花糊（用鸡蛋清搅打的泡沫加适量面粉或淀粉调剂的糊），做水果类拔丝菜肴时，一般常用此糊，如拔丝香蕉、拔丝苹果、拔丝葡萄等。

我们制作拔丝菜，应根据不同原料的特性和成菜要求去选定。油炸时，有的原料无须拍粉挂糊，如一些干果和根茎类原料；有的就必须拍粉挂糊，烹调中所用的糊较多。但须注意：对于表面水分较高的原料，挂糊前除了要用洁净毛巾揠干水分外，还应当拍一层干粉，让其吸收表面的一些水分，同时也是为了使其变得粗糙，容易挂上糊。不过无论使用哪种糊，调制时都切忌搅打上劲，因为糊一旦上劲了，原料便很难挂匀。

拔丝菜肴在炸制阶段是重要的技术处理过程。采用不同挂糊方法炸制原料时，宜在七成热的油温中下入（往往还要复油），使原料在油中熟透、水分挥发、色呈金黄色且表面脆硬时，才可以拔丝成菜。采用挂蛋粉糊的方法炸制原料时，宜在五成热的油温中下入，使内里熟透，糊经糊化变得硬脆时，才可以拔丝成菜。采用上述方法炸制，原料炸成后，表面均呈现一定的脆硬度；原料表面如不脆硬，投入拉力较强、稠度和热度较高的糖浆中后，翻拌时容易散碎和打

▲ 拔丝苹果

▲ 拔丝山药

团，导致烹调失败。

炸制拔丝菜原料，一定要掌握好油温。不挂糊的干果类原料，只需用三四成热的油温浸炸；而根茎类原料，则以五成热油温为宜。对于挂糊的原料，一般都会分两次油炸，第一次应以六成热油温将原料炸至九成熟，第二次炸制的油温则在七八成热之间。

炸制时，挂糊的原料应分散下锅，以防原料黏结到一块，待原料表面结壳发硬时再翻动，以免脱糊。炸制时还须密切注意火候，待原料的色泽和成熟度达到要求时，应迅速捞出，以免炸煳。

白糖熬成糖浆过程中，其颜色的变化由白变浅黄，由浅黄变黄，由黄变深黄。当颜色变成深黄时，即达到火候标准的信号，即可投入原料拔丝成菜。如颜色变为老黄发暗，并有焦气挥发时，便是熬得过火了。糖浆变成深黄色时，只是七八秒间，过了这个时间，糖浆就要过火了。所以在这个时间里，必须迅速投入原料拔丝成菜。

糖熬成糖浆过程中，由于含有水分的作用，先是呈现大泡，随着水分逐渐挥发，泡会越来越小，至糖浆成熟时，已基本无泡，糖浆四周微发白沫，这便是达到火候标准的信号，要立即投入原料拔丝成菜。

熬制糖浆时，搅动感觉会有明显的反应，糖浆未熬成熟时，因含有水分，黏性较强，搅动时会感到阻力。这种阻力随着水分挥发、糖浆温度提高而逐渐减少，至糖浆成熟后，搅动时的阻力便很小了，感觉是柔滑易搅，这也是达到火候标准的信号。

糖浆未熬成熟时，由于糖和水在加热时的化合反应，稠度较浓，随着水分逐渐减少，糖浆温度提高，稠度会越来越低。至糖浆成熟时，就较稀了，较米汤略稠一点，表面呈静止状态（即无小泡浮动），这是达到火候标准的信号。

炸好的原料沥油后，趁热倒入炒好的糖浆中翻拌，以便其均匀地裹上糖浆。具体操作时须注意：翻拌时动作要轻、要快，这样不仅可以避免黏结成团，还可以避免挂糊的原料回软，失去酥脆的特点；翻拌的时间不可太长，以糖浆裹匀原料表面即好；当原料裹匀糖浆后，应快速装入事先抹过油的盘子里，随一碗冷开水上桌蘸食。这样做的目的是让食者拈起原料用凉开水一激，不仅吃起来更香脆，还可以避免菜肴烫嘴。

炒糖前，炒糖的锅必须刷干净，防止掉色染进糖液中，还要防止煳锅。炒制前，应先将净锅烧热，用油炙过锅以后才下糖和水油；当出现糖浆不易粘裹原料的现象时，要少淋些许清水，会促进糖浆与原料的结合。

原料炸制后，要尽量缩短与拔丝的间隔时间。如果原料炸后的温度降低，拔丝时糖浆不易粘裹原料，会影响拔丝的效果。

要控制好火力，正确使用中小火。如火力过小，在加热时，糖结晶不能完全转化成液体，就会出现返砂现象；入锅火力较大，就会出现糖焦化现象使糖变苦，甚至拔不出丝来，导致失败。

要正确掌握炒制糖浆的火候，特别是在燃气炉具上炒制时，可让炒勺离火，或半离火炒制。另外，还要注意糖浆的色泽和稀稠变化，色泽过深，糖浆已变焦发苦不能出丝；糖浆太嫩，稀而不黏也不能出丝。

要掌握白糖对拔丝原料的数量比例。如糖多，成菜的底部会堆积糖浆；如糖少，原料表面挂浆不匀。这都会影响成菜质量。

油炸和熬糖要同步进行，拔丝的原料在复炸时要尽可能与熬糖同步进行，如果事先将原料炸好，糖热而原料凉，会使糖液迅速凝结而影响拔丝的效果；如果后炸主料，炒好的糖在锅中就会受到锅的余热影响而加深糖的颜色，使糖过火变苦，甚至拔不出丝来。

油炸好的主料，在入锅前必须沥净油分，否则会使糖液难以均匀地裹在原料上。熬糖浆使用油时，要严格控制，不宜过多，尤其采用熬油浆法时，更要注意这一点。因油分超量，糖浆粘裹不住原料。

如出现糖浆超量的现象，不可将成菜一股脑地全部倒盛在盘中，而是要舀出挂浆的菜肴，多余的糖浆不要盛到盘子里。

盛菜之前，盘中要抹一层食油（或抹一层净水），以防菜肴盛入粘上盘底。同时，还要备冷开水一小碗（或冷橘汁），供食者夹菜拔丝后蘸一下，以利快速降温，避免烫口，也可使菜肴表面的糖衣变脆而不粘牙。

拔丝是一种常用的烹饪技法，糖浆熬制拔丝有油拔法、水拔法、水油混合拔法、干拔法等。

candied sweet

TASK 8

有诗云：

“原料改刀要一致，挂糊炸制半成坯；掌握火候熬糖浆，下锅速翻趁热食。”

一、油拔

1.概念

油拔是将经过油炸的小型原料，挂上用油和糖熬出的糖浆的一种烹调方法。这种方法的特点是传热快，温度高，加热时间短，拔出的丝明光油亮，丝细而长。

这种技法用得较少，原因是它不易于掌握，故一般只是有经验的厨师才用它。优点是炒糖速度快，能缩短炒制时间，上菜快，延长拔丝时间，出丝绵长，丝油亮，且糖浆不易沾在炒勺上。但由于油脂本身有色泽，加上糖液受热后易上色，故如果火力过大、油温过高，那糖浆很快会变成褐红色焦糖，影响成菜的色和味。油拔法技术难度较大，不易掌握，火力小易结块，火力大则易焦苦。需要凭手感和看颜色，而且判断要准确。

2.工艺流程

选料→刀工处理→挂糊→炸制→用油熬糖→裹蘸原料→装盘。

3.操作要求

(1) 原料刀工处理，形状不宜过大，否则炸制不透；

(2) 糊浆要调制均匀，不可太稠或太稀，注意糖与原料的比例为2∶5，糖与油的比例为9∶1；

(3) 对于水分较大的原料，可先拍点粉再挂糊，挂糊要均匀；

(4) 炸制时，先炸至定型，再复炸成金黄色；

(5) 掌握好火候，熬糖时要小火熬制，注意糖液的变化，欠火时不能成丝，过火时色焦易发苦；

(6) 炸制原料最好与熬糖同时进行，速度要快；

(7) 装盘时，盘底要抹点油，防止糖液粘在盘上；

(8) 要及时上桌，趁热食用。

4.特点

外脆里嫩，香甜可口，色泽金黄。

5.相关菜例

拔丝苹果、拔丝红薯、拔丝馒头等。

二、水拔

1.概念

水拔是将经过油炸的小型原料，挂上用水和糖熬出糖浆的一种烹调方法。由于水的沸点为100°C，糖液不易上色，因此，水拔出来的糖液颜色较浅，挂糖后的菜肴成品显得晶莹透亮，丝长且脆。这种技法在拔丝中用得较多。

用水拔法花费的时间长，但是容易掌握。能有效地减缓糖浆的焦化速度，使所出糖丝色泽较浅，晶莹透亮，丝细而长，甜味醇正，无油腻味。但是熬制时间长，故糖浆容易粘锅，火力不足时糖易返砂，或者糖丝出现浑浊状，入盘易凝固，最终影响"拔丝"的效果。

2.工艺流程

选料→刀工处理→挂糊→炸制→用水熬糖→裹蘸原料→装盘。

3.操作要求

(1) 原料刀工处理，形状不宜过大，否则炸制不透；

(2) 糊浆要调制均匀，不可太稠或太稀；

(3) 对于水分较大的原料，可先拍点粉再挂糊，挂糊要均匀；

(4) 炸制时，先炸至定型，再复炸成金黄色；

(5) 掌握好火候，熬糖时要小火熬制，由于水拔水分大，要将水分熬干，注意糖液的变化；

▲拔丝红枣

(6) 炸制原料最好与熬糖同时进行，速度要快；

(7) 装盘时，盘底要抹点油，防止糖液粘在盘上；

(8) 要及时上桌，趁热食用。

4.特点

外脆里嫩，香甜可口，色泽金黄。

5.相关菜例

拔丝红枣、拔丝元宵、拔丝肥膘等。

有诗云：

"原料改刀挂糊炸，水熬白糖缓焦化；出丝晶莹味醇正，火力不足易翻砂。"

●● 有诗云：

"刀工改料不宜大，挂糊先炸再复炸；水油熬糖火要小，两锅炒作效果佳。"

三、混合拔

1.概念

混合拔是将经过油炸的小型原料，挂上用水、油为传热介质炒制糖浆的一种烹调方法。水油拔法即水和油的混合拔法，它比水拔法快，但比油拔法慢，也是比较容易掌握的一种技法。这种拔法的优点是糖丝明光油亮，口感酥脆。油水混合拔，水起到溶解糖的作用，油起到保温和光泽的作用。可避免水拔法和油拔法的某些缺陷，是拔丝常用的一种炒糖浆方法。但是水量不足易出现浑浊，糖浆起鱼眼泡至颜色变金黄时间短，易错过最佳时机。

2.工艺流程

选料→刀工处理→挂糊→炸制→用水、油熬糖→裹蘸原料→装盘。

3.操作要求

(1) 原料刀工处理，形状不宜过大，否则炸制不透；

(2) 糊浆要调制均匀，不可太稠或太稀，糖与原料的比例为2∶5，糖、油、水的比例是20∶3∶1；

(3) 对于水分较大的原料，可先拍点粉再挂糊，挂糊要均匀；

(4) 炸制时，先炸至定型，再复炸成金黄色；

(5) 掌握好火候，熬糖时要小火熬制，由于水油拔有一定水分，要将水分熬干，注意糖液的变化；

(6) 炸制原料最好与熬糖同时进行，速度要快；

▲ 拔丝香蕉

(7) 装盘时，盘底要抹点油，防止糖液粘在盘上；

(8) 要及时上桌，趁热食用。

4.特点

外脆里嫩，香甜可口，色泽金黄。

5.相关菜例

拔丝土豆、拔丝香蕉、拔丝芋头、拔丝楂糕等。

四、干拔法

1.概念

干拔法就是不放水、不放油，锅中只放糖，直接炒糖的技法。这是不用任何传热介质，直接把白糖入锅干炒的一种方法。用这种方法容易把糖炒煳并生出苦味，所以不常用。优点是花费时间少，上菜快，丝颜色较深。不过需注意防止将白糖炒焦。

2.工艺流程

选料→刀工处理→挂糊→炸制→熬糖→裹蘸原料→装盘。

3.操作要求

(1) 原料刀工处理，形状不宜过大，否则炸制不透；

(2) 糊浆要调制均匀，不可太稠或太稀；

(3) 对于水分较大的原料，可先拍点粉再挂糊，挂糊要均匀；

(4) 炸制时，先炸至定型，再复炸成金黄色；

(5) 掌握好火候，熬糖时要小火熬制，由于无水油，熬制时要时刻注意糖液的变化；

(6) 炸制原料最好与熬糖同时进行，速度要快；

(7) 装盘时，盘底要抹点油，防止糖液粘在盘上；

(8) 要及时上桌，趁热食用。

4.特点

外脆里嫩，香甜可口，色泽金黄。

5.相关菜例

拔丝西瓜、拔丝菠萝、拔丝葡萄等。

●● 有诗云：

"原料改刀挂糊炸，白糖入锅干炒法；优点省时上菜快，关键注意糖变化。"

任务九 㸆

▲ 热菜烹调

▲ 热菜烹调

1.概念

㸆是鲁菜中常用的烹调技法，也是较为复杂的一种。是将一些不挂糊的主料经油炸或煸炒后，用葱、姜块炝锅，加入配料、调味品和汤，盖上锅盖，使汤汁㸆浓，依附在主料上的一种烹调方法。多用于较大型的动物性原料，如整只的鸡、鸭、鱼，以及大块或大片的肉类；也可用于蔬菜。成菜色泽艳丽。

㸆法宋代已有，写作“焅”。如“焅腰子”“五味焅鸡”“葱焅骨头”等（见《梦粱录》），直到清代晚期才有㸆字，如孔府菜中的“㸆虾”。

制作时主料不上浆、不挂糊，经煸炒或煎炸等初步熟处理后，另起锅，加葱、姜炝锅（有的可加甜面酱），原料下锅后加汤水及调味品，旺火烧沸，微火烧至烂熟，有时再用旺火提浓或收干汤汁，使味道渗透主料、汤汁裹附主料。

此法常用于少味或无味的原料，如海参、鱼翅、鳖裙等，有时配瘦猪肉、鸡等同㸆。成菜特点：汤汁少而浓或无汁，主料酥烂或软嫩，色泽深黄或酱红，滋味香浓醇厚。凡是飞禽走兽、野味家畜、干菜鱼虾等，都可以作为㸆菜的原料，既可以整只整条地㸆，又可以斩块切段，但由于原料性质不同，口感差异也很大，原料的预热过程也应因料而异。

由于㸆制的方法和所用调味品的不同，又有不同的称呼，如干㸆，即把主料两面煎黄（或煸黄），用配料炝香汤汁后㸆干，再淋入香油，如北京的干㸆鸭子、谭家菜的干㸆鲫鱼等。葱㸆、酱㸆、腐乳㸆，即把主料炸或煎成柿红色，分别加葱段、甜面酱（或黄酱）、腐乳等㸆制成菜，如江苏的葱㸆牛方、山东的酱㸆鱼、北京的南乳㸆肉等。奶㸆，即把主料经温油滑透再㸆制，最后勾入芡汁，倒入牛奶，淋上鸡油，一般适用于蔬菜原料，如北京的奶油㸆菜心等。

在㸆菜的技法中，拢芡与收汁是较为关键和复杂的一种技巧，具有成菜后形美、味醇、原汁原味、明油亮芡的特点。

在正常情况下，油与汁芡是互不相容的，但在特定的

▲地锅㸆鸡

情况下，这种现象是可以改变的，比如通过振荡使油与汁芡融为一体。汤汁的滚沸就是一种振荡，炒勺的翻动旋转加速了这种振荡，促使汤汁与油融合。掌握了这个原理后，拢芡时汤汁要多一点，淋入的淀粉要适量。要多旋转炒勺，让淀粉完全成熟，再从勺的四周淋入适量的油，这时通过旋勺和汁芡的振荡，加速了汤汁与油的融合，产生亮度，使汁芡包裹住原料，而汁芡又托住了明油，使菜肴达到明油亮芡的效果。

往卤汁里加多少油也是炒汁的关键。油多了会使卤汁澥掉，油少了没有亮度，油加早了会使卤汁里含有水分，行业上称之为澥芡，但炒汁时间过长，会使卤汁打团。加油的目的是油被卤汁吸收后产生光泽亮度，可增加香味。但有一点要注意，不能加入猪油，因猪油遇热生光，遇冷凝固，尤其是在寒冷的冬天。

㸆，现在通常分为油㸆和火㸆两种：油㸆是将经炸等熟处理的主料用炝汤的方法小火收浓汤汁；火㸆是把主料水煮（或氽）之后，进行油煎（或煸）和炝汤再㸆制，最后勾芡成菜。

2.工艺流程

选料→切配→熟处理→加配料、调味→㸆制→装盘。

有诗云：

“㸆是鲁菜烹调法，操作技术较复杂；主料煸炸不挂糊，加汤调味㸆透它。”

3.操作要求

(1) 多选用少味或无味的原料，如海参、鱼翅、鳖裙等，有时配瘦猪肉、鸡等同㸆；

(2) 制作时主料不上浆、不挂糊；

(3) 原料熟处理可用煮、蒸、炸等方法，炸制较多；

(4) 㸆制时要用小火，原料要充分吸收汤汁，不勾芡，汤汁少或无汁；

(5) 要根据菜肴口味要求调味。

4.特点

质地酥嫩，汤少汁浓，口味醇厚。

5.相关菜例

油㸆大虾、干㸆大鹅、干㸆鸡、㸆带鱼、㸆海带等。

项目2
ITEM TWO
以水为传热介质的烹调工艺

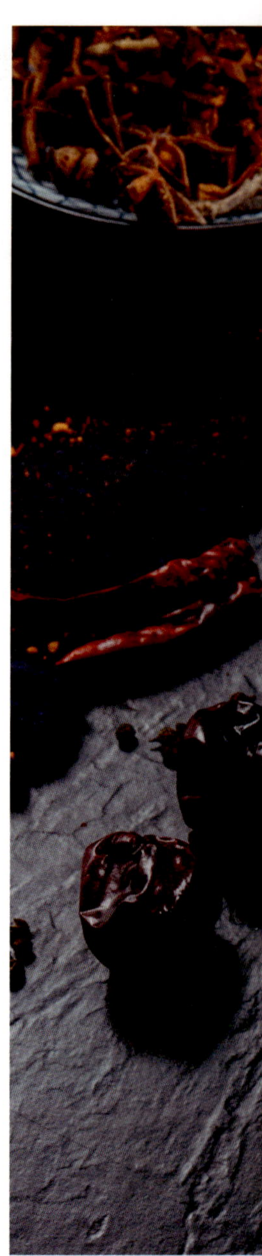

以水作为导热介质，是对预制过的原料进行第二次加热成菜，由此形成一系列富有特色的水烹技法。在中国烹饪技法中，水媒介和油媒介一样起着重大的作用，一直被认为是并立的两大主要导热介质。

一、水媒的导热机制

1.水和油一样都能蓄纳温度，传热性能亦好，可以使原料在水温中均匀受热，这一作用与油相似。水的蓄纳温度虽然不如油高，但足以使原料受热成熟。一般来讲，烹饪原料加热到85°C左右时，即能起变形、分解、成熟的物化反应。所以，加工成细薄的小型原料在沸水中短时间加热，就能取得口感脆嫩、柔嫩等成熟效果，而大块质老的坚韧原料，则通过小火微沸和长时间的加热方法，使其成熟并取得酥糯、软烂的效果。

2.水是良好的溶剂，具有很强的溶解力。在烹调加工过程中，水和原料混合在一起，由于大多数原料和水都有亲和力，水分子就包围了原料，并缓慢地渗入原料内部，同时也带进了热能，使原料的组织溶解、变软、变松，成为熟的菜肴。也有部分溶解到水中，形成味道鲜美的汤汁，整个菜肴也变得滋润柔滑，清爽利口。

3.水还具有油不能替代的特征，有些原料不耐油媒的高温，有些菜肴不需要油媒的那种干爽性。用这类原料制作的菜肴，大多数要求滋润柔滑、菜鲜汁美。这些是油媒所不能解决的，只有用水来加热才能取得良好的效果。这说明在烹饪中，水媒是其他加热媒介不能代替的。水媒，也正是在其他加热媒介不能适应多种菜肴烹调要求的情况下产生并不断发展的。

4.水是安全的加热媒介。由于水的组成比较单一，加热时不会产生某些有害物质及有害气体。所以，既对操作人员无害，也不污染环境，用水加热是相对安全可靠的。

▲ 柠檬鱼

Heat transfer
Water

▲ 白煮滩羊肉

二、水媒技法的特点

一般来说，水媒技法比其他导热媒介的技法多，从多数地区通用技法名称看，大致分热菜类的烧、炖、煨、烩、扒、氽、涮、煮、水爆等和冷菜的卤、酱、白煮、浸等十多种基本技法。还有个别地区不通用的名称，而另起了方言的名称，如烫、灼、滚、泡、炆等。由此可见这类技法的复杂情况。水媒技法加热的操作方法，也比其他媒介加热的操作方法复杂，即大部分菜肴都要经过两种或两种以上加热方法才能完成成品的制作。除涮、氽外，一般认为水媒的主体技法是以两次加热操作方法为主的，水媒的火候比其他加热媒介的火候，特别是油媒的火候较为容易掌握，虽有一定变化，但变化不大，除少数用旺火短时间加热外，基本上是用中小火较长时间加热，餐饮业称之为“火功”菜。大体上来说，水媒火候以柔见长，油媒火候以刚著称，可谓各有千秋。水媒技法尽管复杂，但都具有以下几种特点。

1.水媒技法制品都带有一定量的鲜美汤汁和卤汁。菜肴带汁，是水媒和油媒、火媒菜肴的明显区别，也是这类技法内容的一大特点。凡是用水媒加热的，原料受热后，所含的可溶性物质如脂肪、蛋白质、维生素等，随加热温度高低和时间长短，都会部分或全部融化而直接转移到汤水中，使汤水变色，增加浓度，产生滋味。汤汁不仅有多少之别，性质也多种多样。如有的汤汁宽稀，有的浓稠汁紧，有的菜多汁少，有的半汤半菜。汤汁的性质分为清汤、白汤、色汤、浓汤、清汁、芡汁、油汁、水汁等，就形成了水媒不同技法的特色，无论用何种水媒加热技法，加入的汤水量都必须适合。用水媒技法加热，受水温不如油温高的限制，加热时间必然比用油加热时间长。决定用水量时，必须把这一因素考虑进去，以备有一部分水在加热过程中会蒸发掉。一般来说，大多以火候的长短，原料的老嫩和大小，以及菜肴的质感要求与成菜所需要的卤汁、汤水等来确定加水量，比如用旺火的水宜多，反之宜少，原料是整体大料的水量宜多，反之宜少，成菜需要汁多汤宽的水宜多，反之宜少。某些菜肴的用水，还要一次加足，中间不宜添加，以防冲淡汤汁滋味，并避免水温的过大变化等。

2.水媒技法制品大都是经过两道加热程序。第一道加热，通常称为预制加热。第二道加热，必须以水作为导热介质，否则，就不能叫水媒技法。水媒技法的预制方法很多，例如，“烧法”的预制方法，是以炸、煎、炒为主；“炖法”的预制方法比较简单，大多用开水短时间焯烫一下，也可用开水多煮一下，进行紧缩、去除异味；“焖法”的预制方法是以油炸为多，比较简单，也可用煎、炒和水煮方法；“煨法”的预制方法，是以水煮为主，行业内称之为“预煮”，其主要目的除紧缩原料、去除异味外，还应达到一定的成熟度，以缩短煨的加热时间；“烩法”的预制方法，分别预制成半成品，然后合并进入烩的最后工序；“扒法”的预制方法最为复杂，有的要经过涨法，有的要经过焯烫、水煮、汽蒸等，甚至和烧法、蒸法、焖法、炒法、炸法、煎法、煨法、烩法结合起来加热；而煮、酱的预制方法最为简单，大都是开水焯烫一下，紧缩即可。不过，无论用何种预制加热方法，最后一道工序都要经过用水加热成菜。两次加热成菜是水媒技法的又一特点。

3.水媒技法制品质感、口味多样化。这类制品的质感和口味在热菜中变化最多，也是最丰富的，形成了与其他技法的鲜明对比。一般来说，水媒技法制品的质感包括嫩、酥、软、糯、烂、脆、柔、清、爽等，在口味上，又囊括了酸、甜、苦、鲜、咸、香以及数不胜数的复合味型。所以，这类技法的制品，充分体现了中国烹调技术的卓越性和烹饪艺术的境界。一般常把众多的质感口味归为三大类型：一是细嫩、清醇、清香；二是酥嫩、味浓、香浓；三是软烂、肥浓、醇香。这就大体上概括了这类技法制品的主要特色。不过，有些质感口味的说法，从感受上讲是可以理解的，而从科学表述上讲还不那么确切，如“脆”的说法就存在这个问题，在我们专业语言的表述中，还不能准确地将油媒制法产生的“脆”，与水媒制法产生的“脆”相区别。实际上这两种“脆”的口感是完全不同的，产生的机制也是不一样的。油媒的“脆”是在高温、无水渗的条件下，原料脱水以及焦糖化反应而形成的，而水媒中所说的脆，又是另外一种机制。又如，说“脆嫩”，一般都是与“软嫩”相对而言的，并不是说真的有油炸、炉烤那么脆。“酥”的表述也是同样道理。

总体来说，水媒技法是制作热菜的大类系列技法，受到各大菜系的重视，并在使用中做出许多脍炙人口的名菜，其中尤以广东菜最为擅长，按照当地的语言习惯给这类技法起了很多方言名称，并强调这是广东菜中独树一帜、别具一格的技法，以突出广东菜的鲜明地方性。

▲热菜烹调

任务一 烧

▲ 山楂红烧肉

烧是将加工整理、改刀成型的原料经煸炒、油炸或焯水等初步熟处理后，加上适量的汤汁和调味品，调基本色和基本味，用旺火烧开，转中小火烧透入味，再用旺火收浓卤汁或用淀粉勾芡的一种烹调方法。中国烹调技法很多，“烧”是传统烹调技法使用广泛、变化较大的一种烹调方法。此法用料广泛，选料严格，刀工精细，讲究操作，注重调味，精于火候；成品色泽光润，美观大方，质地酥烂、软嫩，口味鲜香醇厚。

烧是以水为主要传热介质，所选用的主料多数是经过油炸、煎炒或蒸、煮等熟处理的半成品，少数也可以直接采用新鲜的原料。所用的火力以中小火为主，加热时间的长短根据原料的老嫩和大小而不同。汤汁一般为原料的四分之一左右，烧制菜肴后期转旺火勾芡或不勾芡。因此成菜饱满光亮，入口软糯，味道浓郁。

烧具有原料适应性广，配料变化大，原料成型随意，加热时间可长可短，加热调味分步进行，调味容易，入味适量，风味醇厚香浓，容易操作，易大批量制作菜肴的特征。所以在大众的日常生活中，在饭店、宾馆的宴会上使用很多。另外，烧还在各地引出了众多的变化类型，川菜的干烧就是其中独特的一种。

烧因为技法、口味、色泽、汤汁等因素，有红烧、白烧、干烧、煎烧、闷烧、酱烧、葱烧、蒜烧、锅烧、扒烧、生烧、熟烧、软烧、碎烧、㸆烧、家常烧、蟹黄烧、虾籽烧等。

有诗云：

“原料初加工，煸炒调味烹；加汤旺火炖，酥烂汁香浓。”

一、红烧

1.概念

红烧是将经过初步熟处理的原料，加汤和酱油等有色调味品烧开后，用中火或慢火烧透入味，然后用旺火收汁勾芡成菜的烹调方法。

红烧在进行热处理（炸、煎、煸）时，上色不要过重，否则会影响成品色泽。汤汁下调味品如用糖色、酱油调色时，也不要过深，以免成品发黑发暗、味道苦。红烧因原料不同做法也不一样。

红烧属混合熟，一般都要经过初步热处理和正式烹调两个阶段。初步热处理可根据原料不同采取不同方法，红烧鱼、红烧茄子采用油炸的方法；红烧肉采用煮熟的方法；

▲ 红烧鲍鱼

烧面筋玉兰片采用煸炒的方法。一般火候不要太足，以七八成熟为宜，过火将会给下步加工造成困难。主料经过初步热处理，改刀后即可进行正式烹调。做法是锅内放油，烧热放入料酒及其他调味品，加清水或鲜汤，下主料用急火烧开，撇净浮沫，调好口味，继续烧至原料酥烂，使味汁渗入原料内部，用急火收浓汤汁即成。两头用旺火，中间用中小火，这是红烧成菜的关键。汤烧开后，只有用慢火才能使热量缓缓进入原料内部，使原料成熟入味，否则会造成外酥里生或外咸里淡的情况，影响菜肴质量。

红烧菜的选料相当广泛，高档的山珍海味，一般的畜、禽、野味、水产、蔬菜、豆制品等，都可以通过红烧制成美味的菜肴，原料可以是整只的，也可以加工成小块形状，但不宜太小，一般都要经过焯水、过油、煎、煸等熟处理。

红烧菜口味以咸鲜为主，略带甜味，主要是用酱油调味，糖的用量要适度，宜少不宜多。

红烧菜讲究原汁原味，因此下汤要适当，汤多则味淡，汤少则主料不易烧透，一般下汤以原料的两倍左右为宜，当烧至占原料的1/4时起锅。收汁不要过紧，过紧汤汁浓稠，会失去红烧菜的特色。勾芡也不要过浓，勾少许水淀粉，使汁明芡亮，主料突出。

▲ 红烧鳜鱼

调色与调味，两者是不可分割的。调色时有调味的作用，调味时也有调色的作用。这就要求在菜肴成菜阶段，下酱油、糖色时不宜过多，以免汤汁过深，影响口味和色泽。

●● 有诗云：

“原料先期熟处理，加汤加料调味齐；大火烧开小火制，收汁收芡自然宜。”

原则是宜浅不宜深。

红烧菜的汤汁与收汁要恰到好处，一般大火烧开，中小火烧透，再大火收汁。芡汁有薄芡、厚芡和自来芡。

2.工艺流程

选料→切配→熟处理→加汤→调味、调色→大火烧开→小火烧制→装盘。

3.操作要求

(1) 原料取料广泛，因此，要针对不同性质的原料掌握烧制的时间和其他情况；

(2) 熟处理的方法很多，要视具体原料，采用煸炒、煎、炸、煮、氽等熟处理办法；

(3) 要正确掌握火候，汤汁要没过原料，不能太少，大火烧开，中小火烧至熟透，再大火收汁；

(4) 正确把握菜品的口味，红烧菜口味以咸鲜为主，略带甜味，主要是用酱油调味，糖的用量要适度，宜少不宜多；

(5) 烧制过程中要勤晃锅，以免煳锅；

(6) 要根据原料的性质，掌握好菜肴的芡汁浓度以及是否需要勾芡；

(7) 红烧菜讲究原汁原味，因此下汤要适当，汤多则味淡，汤少则主料不易烧透，一般下汤以原料的两倍左右为宜，当烧至占原料的1/4时起锅。收汁不要过紧，过紧汤汁浓稠，会失去红烧菜的特色。勾芡也不要过浓，勾少许水淀粉，使汁明芡亮，主料突出。

4.特点

色泽红亮，酥烂味厚，咸鲜适中。

5.相关菜例

红烧肉、红烧鲫鱼、红烧大肠、红烧茄子、红烧豆腐、红烧羊肉、红烧带鱼等。

▲ 红烧长江河豚

二、白烧

1.概念

白烧是将经过初步熟处理的原料，不放酱油或糖色等有色调味品，加汤和精盐等无色调味品进行烧制的方法。

白烧一般不放酱油，经煮或蒸、汆、烫、油滑之后，再进行烧制。主料多为高级原料，如鱼翅、鱼肚等；蔬菜也多用菜心。汤汁一般多用奶汤烧制。

2.工艺流程

选料→切配→熟处理→加汤→调味→大火烧开→小火烧制→装盘。

3.操作要求

(1) 多为高档原料，用高汤烧制，口味多为清淡咸鲜；

(2) 熟处理的方法很多，可煸炒、煎、炸、煮、汆等，视具体要求而定；

(3) 汤汁要没过原料，不能太少；

(4) 白烧不加酱油等上色原料，保证菜肴呈白色；

(5) 要正确掌握火候，大火烧开，小火烧制；

(6) 要正确掌握勾芡的浓度。

4.特点

色彩协调，汤汁醇厚，鲜咸适口。

5.相关菜例

白烧鱼肚、白烧蹄筋、白烧鮰鱼、白烧茭白、白烧蒲菜、板栗烧白菜等。

有诗云：

“原料蒸汆烫油滑，不把有色调味加；高汤精盐来烧制，成菜奶汤鲜味佳。”

▲白烧鱼肚

三、干烧

1.概念

干烧是将原料过油后，炝锅加主料、调味品和鲜汤，用旺火烧开，转小火烧透，使汤汁渗入主料内，自然收浓汤汁成菜的方法。干烧是川菜特有的一种烹调方法。它是烧法的一种，适用于质老筋多、鲜味不足或质地鲜嫩的食材。又因此类烧法均采用自然收汁，不勾芡，而区别于其他烧制方法，干烧菜品色泽棕红，亮油无汁，醇厚鲜香，质感细糯，富有营养。

原料多用炸法，调味必须用辣椒、豆瓣酱等。不勾芡、淋旺油。在为鱼过油时，切不可上色过重，否则成品颜色发黑。在烧制时，加入清汤要比红烧少，否则拢不起汁。

选择肥美多脂、柔嫩鲜美的动物性原料和淀粉含量重的植物性原料。如鸡、鸭、鱼、虾、鱼翅、猪肘、猪蹄、土豆、芋头、茄子、菌类、笋类、豆制品等都是常用原料。原料刀工多为成型较大的块、条状，鱼虾也可整只形态。为使入味充分，往往需码味处理，使原料在烹制时迅速入味，并可达到除异增香之效果。为了保持成菜形态和风味需要，原料也需经油炸、煸炒或喂味，使其达到定型、上色、增香、预熟之功效。

干烧菜的味型应根据食者的口味灵活掌握。干烧菜的口味有辣与不辣之分；其原料可分为有腥臊异味和无特殊异味的。在烹调有腥臊异味的以鲜鱼类为代表的原料时，调味品以豆瓣酱、泡辣椒酱、干辣椒为主，白糖、醋为辅，成菜味型多呈咸辣中带有甜味；无特殊异味的原料以素菜类为主，调味品以酱油、精盐等为主，其成菜味型多呈咸鲜味。在收汁成菜时，若是咸鲜味，应加熟食用油和香油；若为咸辣味，最好加红油和香油。辣椒的使用量也要根据当地食者的口味而增减，一般川菜的干烧菜辣味较重。

干烧菜肴最常用的几大风味，如家常、咸鲜、酱香、麻辣风味，往往烧制时均是锅内加入较多油，下酱料等调味品炒香出色，注入汤汁和基础类调味品熬煮，为使成菜清爽无渣，也可以滤去残渣，取汁，放入原料，用中小火缓慢加热，让原料慢慢吸汁入味，最后用调味品调佐风味，改用中大火收汁，汤

▲ 干烧基围虾

汁中的水分因热而挥发，汁会越来越浓，此时需注意原料受热均匀，汁将干时即可成菜，也可用小火保温待装盘。其次，干烧菜的配料应根据主料的不同而适当变化。如在烧制腥味较重的鱼类及海参时，一般要加入肥瘦肉粒、香菇粒、冬笋粒等，可使菜肴提味增鲜；对素菜类原料，可加入肥瘦肉粒、榨菜粒，也可加海米粒、火腿粒等，用以改善成菜的风味，增加口感。

干烧菜肴制作中的火候不可用大火急烧，要用中小火慢烧，并使其自然收汁。否则原料不易入味且极易焦煳。

此外，在收汁成菜时，要根据原料的大小采取不同的方法。若原料形状较小（如干烧四季豆、干烧蹄筋），应一手端锅不停地晃动，使原料在锅中旋转，另一只手持手勺舀适量熟食油顺锅边淋入，待烧至味汁无水汽且全部粘在原料上时，即可装盘；若原料为体大形整的鱼类，应不时地用手勺舀汤汁浇淋在鱼身上，用小火慢慢收汁，待汤汁约剩原料的1/4时，将主料取出摆放于盘中，另在锅中的汤汁内加入适量熟食用油，用手勺不停地推炒，待炒至味汁无水汽且黏稠时，起锅浇于盘中主料上即可。

烧制后期味汁是自然收浓于原料之中，而不是通过勾芡来

▲ 干烧臭鳜鱼

●● 有诗云：

“原料处理先过油，炝锅加汤需烧透；调味收汁不勾芡，川菜烧法固特有。”

浓稠味汁而粘裹于原料外表，就有一种入味至里、充分浓缩、醇香浓厚的风味效果。这种自然收汁而达到浓味效果的方法，具有独有的效果。

2.工艺流程

选料→初加工→过油→炒调味品→放主料→加汤、调味→小火烧制→收汁→装盘。

3.操作要求

(1) 选择肥美多脂、柔嫩鲜美的动物性原料和淀粉含量重的植物性原料，如鸡、鸭、鱼、虾、鱼翅、猪肘、猪蹄、土豆、芋头、茄子、菌类、笋类、豆制品等；

(2) 原料刀工多为成型较大的块、条状，鱼虾也可整只形态；

(3) 原料需经油炸、煸炒或喂味，使其达到定型、上色、增香、预熟之功效；

(4) 菜肴味型应根据食者的口味灵活掌握，炝锅时，调味品要炒透；

(5) 不可用大火急烧，要用中小火慢烧，并使其自然收汁，否则原料不易入味且极易焦煳；

(6) 在成菜收汁时，要根据原料的大小采取不同的方法，烧制过程中要勤晃锅，以免煳锅；

(7) 菜肴是自然收汁于原料之中，而不是通过勾芡来浓稠味汁而粘裹于原料外表，盘中不能有汤汁，但要有明油。

4.特点

色泽红亮，口味香辣微甜。

5.相关菜例

干烧臭鳜鱼、干烧虾、干烧鸡、干烧茄子、干烧豆角等。

▲ 葱烧海参

四、葱烧

1.概念

葱烧是将经过初步熟处理的原料，加葱段、汤和酱油等调味品烧开后，用中火或慢火烧透入味，然后用旺火收汁勾芡成菜的烹调方法。

适应于葱烧的原料很多，最常见的有海参、蹄筋、豆腐、排骨等，原料再加工时，可以经过提前入味（以葱为主），这样在正式烧制前，葱香的味道会更加浓郁。葱烧菜肴多选用葱白长、体形丰满、口感甜香的葱白进行烧制，保证菜肴葱香味浓。制作葱烧菜一般都是大火烧开，小火煨制，中火收汁，而后勾芡、淋油。

葱烧菜肴，熬制葱油很关键。将葱白切段，从中间剖开，热锅凉油，把葱段放进去，炸至金黄色，捞出备用即为葱油。

大葱是温通阳气的养生佐料，作为调味品，葱的主要功能是去除荤、腥、膻等油腻厚味及菜肴中的异味，并产生特殊的香味，还有较强的杀菌作用。医学界认为，葱有降低胆固醇和预防呼吸道及肠道传染病的作用，经常吃葱还有一定的健脑作用。利用葱提炼出来的葱素，对心血管硬化有较好的疗效，还能增强纤维蛋白溶解性和降低血脂。

2.工艺流程

选料→初加工→熟处理→炸葱段→加汤、调味→烧制→装盘。

有诗云：

“原料改刀熟加热，葱段炸呈金黄色；小火炒酱加汤烧，成菜葱香味特殊。”

3.操作要求

(1) 原料取料广泛，动物性原料较多，本身无味需要赋予口味的原料，如海参、鱿鱼等；

(2) 原料的形状不宜过大，否则不易入味；

(3) 葱段不可炸制过老，呈金黄色，出香味即可；

(4) 烧制时间不要过长；

(5) 与红烧、白烧近似，只是加入葱段，增加葱香味。

4.特点

菜色金红，鲜美爽脆，葱香浓郁。

5.相关菜例

葱烧海参、葱烧排骨、葱烧大虾、葱烧蹄筋、葱烧鱿鱼、葱烧鲫鱼等。

五、酱烧

1.概念

酱烧是一种烧制方法，在北方菜中运用较为广泛，它是先把甜面酱或黄豆酱放入油锅炒散出香，再加入调味品和适量鲜汤炒匀，然后放入过了油的原料，烧至甜酱汁均匀地裹附于原料上的一种方法。成菜要求见油不见汁，颜色深黄，质地软脆，且突出酱的甜咸香味。

和红烧的方法基本相同，着重于酱品的使用，常用的酱类调味品有黄酱、面酱、腐乳酱、海鲜酱、排骨酱等。炒酱的火候很重要，炒得欠火不出香味，炒得过火会产生苦味，色泽变黑。要想制作好酱烧的菜肴，必须要了解调味品的性质，菜肴由于加入了酱油和黄豆酱，这两样调味品都有咸味，最后是否放盐要根据具体菜肴而定，灵活掌握。

酱类调味品的炒制方法：勺中倒入底油，加酱类调味品，小火加热至油和酱类调味品混合后，再加热至油酱分离，此时火候最佳。酱烧的技术特点和要领：选料以鱼类、肉禽类为主料，改刀为较大的块、条等形状或是整形不变，初步熟处理多采用过油，酱品必须要炒出香味来，掌握好火候，可以用芡汁处理。代表性菜品有酱汁鱼、柱侯酱烧鸭、腐乳烧肉、酱烧鸡。

2.工艺流程

选料→初加工→熟处理→炒酱及调味品→加汤、调味→烧制→装盘。

3.操作要求

(1) 炒甜面酱时要掌握好火候，小火慢炒，炒出香味；

(2) 注意酱的用量不宜过多，因为酱一般较咸；

(3) 要正确掌握火候，大火烧开，小火烧制；

(4) 烧制过程中要勤晃锅，以免煳锅。

4.特点

菜色棕红，鲜甜适口，酱香浓郁。

5.相关菜例

酱烧排骨、酱烧茄子、酱烧鱿鱼、酱烧豆腐、酱烧辣椒、酱烧凤爪、酱烧大虾等。

▲酱烧凤爪

▲酱烧排骨

▲酱烧茄子

▲ 酒药子烩龙骨

任务二 烩

烩是将经过刀工处理的鲜嫩柔软的小型原料，经初步熟处理后入锅，加配料、调味品，经旺、中火较短时间加热后，调味品烧沸，勾芡成菜的烹调技法。

烩菜的特点是汤宽汁厚、口味鲜浓、保温性强、汤汁乳白、口味香醇。适用于冬天食用。烩菜汤汁较多，既可做汤又可当菜，清淡爽口。

烩菜的选料多以质地细腻和柔软的动物性原料为主，以脆嫩柔软的植物性原料为辅。动物性原料：鸡、鸭、猪腰、猪肚、鸭舌、鸡血、虾仁、海参、干贝、乌鱼蛋等；植物性原料：豌豆、冬笋、冬菇、鲜口蘑、豆腐、腐竹等。多采用丝、丁、细粒、茸泥等形状原料。

一、烩的分类

1.以汤汁的色泽划分为

红烩：以有色调味品酱汁、生蚝油等，烩制成菜。特点：汁稠色重，鲜香味厚。代表菜：鸭汁烩鱼唇，拆烩红鸭丝。

白烩：以无色调味品精盐等与高级奶白汤烩制成菜。具有汤汁浓白，口味浓香等特点。代表菜：鸡丝烩鱼肚。

清烩：将锅烧热加入底油，用葱、姜炝锅，加汤，但不加有色调味品，用旺火使底油随汤滚开，随即将原料下锅，出锅前撇去浮沫，成菜不勾芡，即为清烩。特点：汤鲜味醇，汤汁清澈。代表菜：清烩虾仁，清烩海鲜。

五彩烩：以五种（也可用多种、多色）原料本身的色彩加汤汁进行烩制成菜。特点是色彩丰富。代表菜：五彩银丝羹。

▲ 蟹粉豆腐

金汤烩：以南瓜汁调色调味，多与质地细嫩软滑的原料相配，如内酯豆腐、黑珍珠等。特点是色泽金黄，香味浓郁。代表菜：珍珠金瓜羹。

2.以调味品的区别划分为

糟烩：以糟汁为主要调味品，可与动物性原料或水果原料烩制成菜。特点是糟香浓郁。代表菜：糟烩鸡丝。

酸辣烩：以醋、胡椒粉和辣椒为主要调味品烩制成菜，突出酸辣味。特点：酸辣咸鲜。代表菜：酸辣烩肚丝。

甜烩：以糖料烩制成菜。特点：甜香利口。原料：以冰糖、白糖、蜂蜜为主，根据风味不同可加入桂花酱、茄汁、橙汁等。代表菜：冰糖烩湘莲。

麻辣烩：以辣椒和花椒为主要调味品。有汤汁麻而爽口、辣不呛喉的特点。菜肴突出麻辣味。

腊味烩：运用腌制的腊味特色原料，加汤汁、调味品烩制成菜。菜肴突出腊味特色。

鲍汁烩：以老鸭、火腿、干贝等原料制作而成的鲍鱼汁，加原汁调味品烩制成菜。菜肴主要突出鲍鱼汁鲜香。

鸡汁烩：用鸡汤、鸡油、鸡丝与其他原料组配，烩制成菜，口味多以咸鲜为主。色泽微黄，鸡汁味浓香。

烩菜的特点是汤宽汁厚，口味鲜浓，保温性强，汤汁乳白，口味香醇。

▲ 海鲜烩豌豆

▲ 中餐烹调

二、烩的操作要领

1.烩菜对原料的要求比较高。多以质地细嫩柔软的动物性原料为主，以脆鲜嫩爽的植物性原料为辅，强调原料或鲜嫩或酥软，不能带骨屑，不能带腥异味，以熟料、半熟料或易熟料为主。要求加工得细小、薄、整齐、均匀、美观。

2.烩菜原料均不宜在汤内久煮。多经焯水或过油（鲜嫩易熟的原料也可生用），有的原料还需上浆后再进行初步熟处理。一般以汤沸即勾芡为宜，以保证成菜的鲜嫩。

3.烩菜的美味大半在汤。所用的汤有两种，即高级清汤和浓白汤。高级清汤用于要求清咸口味，汤汁清白的烩菜；浓白汤用于要求口感厚实，汤汁浓白或红色的菜。

4.烩菜因汤、料各半，勾芡是重要的技术环节。芡要稠稀适度（略浓于“米汤”），芡过稀，原料浮不起来；芡过浓，黏稠糊嘴。勾芡时火力要旺，汤要沸，下芡后要迅速搅和，使汤菜通过芡的作用而融合。勾芡时还需注意水和淀粉溶解搅匀，以防勾芡时汤内出现疙瘩粉块。

5.禽畜肉类的生料切制后，均宜上浆并经温油滑熟后再烩制；植物类的生料切制后，均宜滚水烫后再烩制，熟料经加工后，可直接烩制。

6.为突出烩菜的风味特色，需要充分考虑好主辅料的色、香、味、质感，荤菜比例等的搭配。

7.烩制的时间不要太长，一般在1～3分钟左右即可。

8.有些菜肴需要大油量时，油要分几次下入，这样才能保证菜肴既不吐油口味又香。

三、具体方法

（一）白烩

1.概念

白烩是将经过刀工处理成丁、丝、条的小型鲜嫩

有诗云：

“原料改刀熟处理，鲜汤入味煮白汁；质感熟烂味鲜醇，勾芡不宜浓或稀。”

▲烩蹄筋

原料，经预制成熟，放入无色或白色调味品和汤，再放入主料烧沸，略煮一会儿定味出锅，下火后勾芡出锅的一种烹调方法。

2.工艺流程

选料→刀工处理→熟处理→加汤→调味→烧开→勾芡→装盘。

3.操作要求

(1) 必须使用鲜汤，保持菜肴的口味；

(2) 不放有色调味品；

(3) 汤汁要恰当，不宜过多或过少；

(4) 勾芡要恰当，不宜过浓或过稀；

(5) 不宜用旺火加热，中火烧制。

4.特点

汤水稍浓而白，质感熟烂，口味鲜醇。

5.相关菜例

烩鱼丸、烩三鲜、烩鱼肚、烩海参、全家福、烩蹄筋、烩什锦、烩羊肉等。

(二)红烩

1.概念

红烩是将经过刀工处理成块、条、片的较大形状的原料，放入深色调味品和适量汤汁，中火烧透，调味、勾芡出锅的一种烹调方法。

2.工艺流程

选料→刀工处理→熟处理→加汤、有色调味品→调味→烧开→勾芡→装盘。

3.操作要求

(1) 原料大都是熟料，形状较大，烩制时间略长；

有诗云：

"原料处理片条块，放入深色调味品；烧透勾芡要恰当，汤汁红亮鲜味妙。"

▲ 烧烩爪尖

▲ 热菜烹调

(2) 必须使用鲜汤，保持菜肴的口味；

(3) 需加入酱油、糖色等有色调味品，汤汁要恰当，不宜过多或过少；

(4) 勾芡要恰当，不宜过浓或过稀；

(5) 不宜用旺火加热，中火烧制。

4.特点

汤水红润，质感熟烂，口味鲜醇。

5.相关菜例

红烩肉片、红烩鸭掌、红烩蹄筋、红烩牛肉等。

（三）烧烩

1.概念

烧烩和红烩大体一样，是将经过刀工处理成块、条、片的较大形状的原料经过油炸，放入深色调味品和适量汤汁，中火烧透，定味、勾芡出锅的一种烹调方法。

2.工艺流程

选料→刀工处理→过油→加汤、有色调味品→调味→烧开→勾芡→装盘。

3.操作要求

(1) 原料大都是用熟料，形状较大；

(2) 原料一定要经过油炸；

(3) 需加入酱油、糖色等有色调味品；

(4) 烩制时间不宜过长，汤汁烧开后，勾芡即可出锅。

4.特点

汤水红润，质感鲜嫩，口味醇厚。

5.相关菜例

烩肉丸、烩虾饼、烩萝卜丸、烩萝卜鱼、烩山药、烧烩爪尖等。

有诗云：

“烧烩红烩技相同，过油调味入汤中；烧开勾芡可出锅，质感鲜嫩汤汁浓。”

●● 有诗云：

"选料刀工熟处理，调味烧开加糟汁；薄芡出锅可装盘，糟香鲜醇味郁浓。"

（四）糟烩

1.概念

糟烩和白烩、红烩制法大致一样，是将经过刀工处理的原料经上浆滑油后（有的不需要上浆滑油）放入加好调味品和香糟汁并烧沸的汤汁中，略煮一会儿，定味勾薄芡出锅的一种烹调方法。糟烩有红糟和白糟之分。

2.工艺流程

选料→刀工处理→熟处理→加汤、糟汁→调味→烧开→勾芡→装盘。

3.操作要求

(1) 大都是用鲜嫩无骨的原料；

(2) 汤汁要恰当，不宜过多或过少；

(3) 勾芡要恰当，不宜过浓或过稀；

(4) 不宜用旺火加热，中火烧制；

(5) 香糟汁要分两次加，前面多放后面少放。

4.特点

汤水红润，糟香浓郁，口味鲜醇。

5.相关菜例

糟烩鸭掌、糟烩鱼片、糟烩里脊、糟烩鸭舌等。

（五）甜烩

1.概念

甜烩是将经过刀工处理的无味或微甜的脆嫩原料或涨发的干果类，投入甜水中烩至断生勾芡成菜，或撒上事先制作好的香甜原料食用的一种烹调方法。

2.工艺流程

选料→刀工处理→熟处理→加糖→调味→烧开→勾芡→装盘。

3.操作要求

(1) 一般宜选择微甜、脆嫩、易熟的原料，或涨发的干果类；

(2) 原料一般加工成小丁或薄片、细丝等易熟的形状；

(3) 有些菜肴烩制时要加少许盐。

4.特点

汤水黏稠，质感脆爽，口味甘甜回香或香甜微酸。

5.相关菜例

烩杂果、烩菠萝里脊、烩莲子、烩银杏等。

●● 有诗云：

"微甜原料干果类，投入甜水之中烩；加糖调味烧勾芡，口味甘甜质感脆。"

▲ 糟烩罗非鱼

任务三 炖

▲ 砂锅三宝

炖是将具有一定韧性或鲜嫩（指鱼类）的原料，经过刀工处理和焯水等初步熟处理，装入砂锅、铁锅或放入密封陶罐中，加足汤水和调味品，旺火烧开，中小火烧至原料酥软、汤汁浓醇的一种烹调方法。成菜具有汤多味鲜、原汁原味、形态完整、酥而不碎的特点。

炖菜一般选用新鲜、老韧、结缔组织丰富的原料，经焯水处理后用清水洗净，去净血污、异味和浮沫，保证汤汁的清澄、醇香。汤汁必须一次加足，大火烧沸应转小火，并保持沸而不腾状态，保持原汁原味、原料形态的完整。根据汤色及是否加有配料，炖可分为清炖和混炖，汤清无配料的是清炖，汤浓加有配料的是混炖。而隔水蒸炖法则是一种将所要炖制的原料放入陶制器皿中封口，再放入水锅中炖制，它能最大限度地保持原料原有的鲜香滋味。

炖是一种健康的烹调方式，温度不超过100°C，可最大限度保存各种营养素，又不会因为加热过度而产生有害物质。炖菜时盖好锅盖，与氧气相对隔绝，抗氧化物质也能得以保留。经长时间小火炖煮，肉菜变得非常软烂，容易消化吸收，适合老人、孩子和胃肠功能不好的人群。小火慢炖让食材非常入味，味道可口。一锅炖菜里往往有四五种食材，营养多样。

炖菜的主料，一般宜选择大型或韧性的原料，先经炸或焯水初步热加工处理后，再行炖制。原料一般是整只、整条或加工成块、段等较大的形状。一般都不挂糊，以畜禽肉类等为主料，不宜切小、切细，但可制成茸泥，制成丸子状。炖制前需要焯水，清除原料中的血污浮沫和异味。炖时要一次加足水量，中途不宜加水掀盖。炖时只加清水和调味品，不加盐和带色调味品，熟后再进行调味。一般用小火长时间密封加热1～3个小时，以原料酥软为止。

炖和烧相似，所不同的是，炖制菜的汤汁比烧菜的多。炖先用葱、姜炝锅，再冲入汤或水，烧开后下主料，先大火烧开，再小火慢炖。

炖菜的主料要求软烂，一般是咸鲜味。

根据操作要求和加热方法的不同，一般可分为普通炖、清炖、隔水炖、不隔水炖等。

不隔水炖法：不隔水炖法是将原料在开水内汆去血污和腥膻气味，再放入陶制的器皿内，加葱、姜、料酒等调味品和水（加水量一般比原料稍多一些，如500克原料可加750克到1000克水），加盖，直接放在火上烹制。烹制时，先用旺火煮沸，撇去泡沫，再移微火上炖至酥烂。炖煮的时间，可根据原料的性质而定，一般两三个小时。

隔水炖法：隔水炖法是将原料在沸水内烫去腥污后，放入瓷制、陶制的钵内，加葱、姜、料酒等调味品与汤汁，用纸封口，将钵放入水锅内（锅内的水需低于钵口，以滚沸水不浸入为度），盖紧锅盖，不使它漏气。以旺火烧，使锅内的水不断滚沸，大约3个小时即可炖好。这种炖法可使原料的鲜香味不易散失，制成的菜肴香鲜味足、汤汁清澄。也有把装好原料的密封钵放在沸滚的蒸笼上蒸炖的，其效果与不隔水炖基本相同，但因蒸炖的温度较高，必须掌握好蒸的时间。蒸的时间不足，会使原料不熟和缺少香鲜味道；蒸的时间过长，也会使原料过于熟烂和散失香鲜滋味。

原料在炖制开始时，不加盐和带色调味品，熟后再进行调味。尤其不能放盐，如果盐放早了，由于盐的渗透作用，会严重影响原料的酥烂，延长成熟时间。因此，只能炖熟出锅时，才能调味（但炖丸子除外）。

隔水炖法切忌用旺火久烧，水烧开后，就要转入小火炖。否则汤色就会变白，失去菜汤清澄的特色。炖时要一次加足水量，保证锅内不能断水，如锅内水不足，必须及时补水，用小火长时间密封加热1～3个小时，以原料酥软为止。

炖制的菜肴，酥软味浓，汤汁浓醇鲜亮，汤料相辅相成，本味突出鲜香味美，有较高的滋补价值。

有诗云：

“原料葱姜爆，调味汤加好；倒入砂锅中，味醇保温高。”

▲白汁炖黄鱼

一、清炖（不隔水炖）

1.概念

清炖是将焯烫处理过的原料放入砂锅内，加足清水和调味品，加盖密封，烧开后改用小火长时间加热，调味成菜的技法。

此法为北方常用方法，类似于南方的煲，但汤汁和原料的比例，炖比煲的汤汁少些。

2.工艺流程

选料→焯烫→放入砂锅加清水调味品→小火长时间加热→调味→成菜。

3.操作要求

(1) 一般宜选择纤维较粗、结缔组织较多的韧性原料，加工成大块或整块，不宜切小切细，但可制成茸泥，制成丸子状；

(2) 主料必须焯水，清除原料中的血污浮沫和异味；

(3) 炖时要一次加足水量，中途不宜加水掀盖；

(4) 炖时只加清水和调味品，不加盐和带色调味品，熟后再进行调味；

(5) 忌用旺火久烧，只要水一烧开，就要转入小火炖，否则汤色就会变白，失去菜汤清澄的特色，用小火长时间密封加热1～3个小时，以原料酥软为止；

(6) 原料在炖制开始时，大多不能先放咸味调味品。尤其不能放盐，如果盐放早了，由于盐的渗透作用，会严重影响原料的酥烂，延长成熟时间。因此，只能炖熟出锅时，才能调味（但炖丸子除外）。

4.特点

质地酥烂，汤汁浓厚，口味醇厚。

5.相关菜例

清炖鸡、清炖排骨、清炖肘子、蟹粉狮子头、酸菜炖牛肉、清炖鱼头等。

有诗云：

“原料焯烫入砂锅，加水烧开长加热；炖制不要先放盐，熟烂才把调味搁。”

▲酸菜炖牛肉

▲热菜烹调

Stewed

TASK 3

▲蟹粉狮子头

▲热菜烹调

●● 有诗云：

“先将原料沸水烫，去净血渍钵内放；加汤调味纸封口，隔水汽蒸味美香。”

二、隔水炖

1.概念

隔水炖法是将原料在沸水内烫去腥污后，放入瓷制、陶制的钵内，加葱、姜、料酒等调味品与汤汁，用纸封口，然后将钵放入水锅内（锅内的水需低于钵口，以滚沸水不浸入为度），盖紧锅盖，不使它漏气，以旺火烧，使锅内的水不断滚沸，成菜的一种方法。

这种炖法可使原料的鲜香味不易散失，制成的菜肴香鲜味足，汤汁清澄。也有把装好原料的密封钵放在沸滚的蒸笼上蒸炖的，其效果与不隔水炖基本相同。

2.工艺流程

选料→切配→焯水→放入容器、封口→加入汤汁和调味品→容器放入水锅→盖紧锅盖→炖制→成品。

3.操作要求

（1）要选用新鲜原料，经过浸泡、焯水，去除血污和异味；

（2）要封好口，不要炖制过程中进水；

（3）封口前，要加好汤汁和调味品；

（4）准确掌握火候和时间，一般要大火炖制。

4.特点

酥软味浓，汤汁浓醇，原汁原味，鲜香味美。

5.相关菜例

炖排骨、炖乳鸽、炖羊肉、炖牛腩、炖鸡、炖肉等。

任务四 焖

▲土豆焖牛腩

清代以前，还没有焖的烹调方法。古代厨师在用汤或水进行烧、炖、煮、煨食物时，往往以小火、加盖的方法，使原料易熟，不跑味。因此，古代食书中在反映这种加熟方法时，常用“封锅口”“盘盖定，勿走气”“蒲盖闷”等语言叙述，用的字是“闷”，而不是“焖”。意思很明白，即原料在火具中以火烧煮，加盖以焖之，使原料加热时散发的气体回流，促进原料尽快成熟，同时气味较少外溢，而较多地保持原料的本味。在元代无名氏所撰《居家必用事类全集》一书中，叙述“罨兔”一菜时，有“瓦盆盖，纸糊合缝，勿走气”的句子，这说明容器加盖后，仍会有一部分热气外溢出来，要用纸糊住间缝，热气才能不外溢。现代厨师在用罐、盖碗、盖盅等容器焖、蒸、烤制菜肴时，要在盖上贴层防护纸，在间缝上贴面团，即这种古老方法的延续和发展。到了清代雍正、乾隆时期，焖字才始见于菜名，如乾隆时期御膳坊的《苏造底档》中，就记有“黄焖鸡、肉炖面筋”等菜。民间以焖法制菜，时间还要提前。

焖又称炆（炆为广东烹饪术语），是将经过刀工处理的原料，放入锅中加适量的汤水和调味品，盖紧锅盖烧开，改用中火进行较长时间的加热，待原料酥软入味后，留少量味汁成菜的多种技法总称。具有汤汁浓稠，原料形状完整，酥烂香软，口味醇厚的特点。

焖类菜多用鸡、鸭、鹅、猪肉、排骨、猪手、牛肉、羊肉、驼蹄、驼峰以及干制的菌菇、质地较紧密坚实的鱼肉等韧性原料。切制的形状多为小块、厚片、粗条等。原料初步熟处理时，多用汽蒸、水烫、过油、煸炒等方法。焖制的火具一般是陶瓷的，焖时要加盖，根据烹调需要，往往还要将盖的间缝处封严。原料加热时，先用大火烧滚，再转用慢火使原料煨烂，当菜肴临近成熟时，再用大火定味或勾芡。

焖菜特别注意火工，并要盖严锅盖，用小火，长时间焖，使原料达到酥烂入味。焖菜用的汤水要一次性加足，中途不能添加，以免影响本味。

焖的加热特点决定了原料的选择必须是老韧的，且以动物性原料为多。老韧原料往往比鲜嫩原料有更多的风味物质，经焖烧析出原料的本味丰厚。常用的原料有牛肉、猪肉、牛筋、鸡、鸭、黄鳝等。不论因生长期或部位不同而有老嫩之别的，一律选用偏老的动植物性原料，采取焖法，都是取长时间焖烧的，如笋、干豆角等。

要正确运用火候，焖的加热方式与烧的方式基本相似，也有三个阶段。第一阶段做原料表层处理时也用旺火，以除去原料的异味，使原料上色，所用方法有炸、煎、煸等。第二阶段是焖的特色所在，也是焖的关键，要用小火或微火加热，烧煤气可随意调节。第三阶段大火收稠卤汁也与烧相似，因为在第二阶段中经过长时间的焖烧，原料内的蛋白质等物质溶于汤汁中，卤汁浓黏，所以收汁时火就不能太大，要多转锅，密切注意卤汁耗损情况，及时下芡或收稠卤汁。

要正确掌握调味品等的投放，焖菜小火加热时间较长，因此一些咸味调味品不宜过早加足，有许多是先在第一阶段加热时加一部分咸味调味品，到收稠卤汁前再外加一些调味品。另外，焖菜加油也极为讲究，如果需用勾芡，原料入锅时的底油不能太多，以免芡汁糊化不均匀而影响效果；原料本身含脂肪量多的，焖烧后油脂溢出，勾芡前要撇去一些浮油，不需勾芡的焖菜要加一定油脂“焖油”，以期经过焖滚震荡后油脂与汤汁混合为乳浊液，增强乳汁的浓厚度和黏稠性，使卤汁与原料混为一体。用作焖的油最好是猪油或豆油，因为这两种油较易与汤汁混合。另外，汤汁一定要一次加准，半途添加会冲淡原来浓醇的味感，使菜肴口味大打折扣。

常见的焖法有生焖、熟焖、黄焖、红焖、酒焖、油焖等。这些焖法有的着眼于原料的生熟，有的着眼于所用的调味品。油焖的菜肴多以素菜较多。还有一种焖法，即江南一带的自来芡烧，它的特征是原料焖烧后不勾芡，卤汁浓稠。这种做法有几个特点：第一，所选原料是胶原蛋白质丰富的动物性原料，如黄鳝、甲鱼、猪蹄等；第二，原料经过长时间的焖烧，使胶原蛋白更多地溶解于汤汁中；第三，调味品一般多用于油和糖，而且油分多次加入，有时糖分几次加入，帮助形成自来芡。

▲ 黄焖甲鱼

焖菜可使水溶性维生素和矿物质溶于汤中，部分维生素受到破坏，时间越长，维生素B和维生素C损失越大。肌肉中的蛋白质部分水解，其中的肌凝蛋白部分被水解的氨基酸等溶于汤中，使汤呈鲜味；胶原蛋白中的一部分水解成白明胶，溶于汤中，使汤汁有黏性，焖熟菜肴的消化率有所提高。

现代的焖法，种类已经多样化。在广东烹饪中，有生焖法、熟焖法、炸焖法之别；在北京烹饪中，分为红焖、黄焖；在东北地区的烹饪中流行坛焖、罐焖、酒焖；在南方烹饪中，又有油焖、糟焖等。这些焖法，大体以原料的生熟、传热介质的不同、主要调味的区别、烹调技法的变化和成熟的不同色泽来加以划分。但影响、流行较广的是红焖、黄焖和罐焖。

但是无论何种焖法，主料都不上浆挂糊，加入鲜汤的数量要准确，并且一次加足，中间不能揭盖添汤。制品成熟后，一般都不勾芡，依靠火力自然收汁，只有少数品种因为原料脂肪少或胶原蛋白少，汤的黏性差，可加少许湿淀粉搅匀，以增加汤汁的浓度。焖法使用的主料与其他的“火功菜”相似，大都是经得起较长时间用小火加热的坚实荤料，如禽肉和水产中的鱼等。成品色泽酱红，形状整齐不碎，质感松软酥烂，汤汁稠浓味厚。但也可以使用部分蔬菜作为原料焖制，如冬笋、莴笋、茄子、萝卜等，焖制后的质感以柔软酥嫩为主，滋味亦厚。

有诗云：

“原料炸或蒸，加汤调味中；适宜小火炖，酥烂味醇浓。”

▲ 红焖河鳗

一、红焖

1.概念

红焖是将主料经过加工处理，经腌味或不腌味、上浆和拍生粉（或不上浆和不拍生粉），再经油炸或水煮后，炝锅加鲜汤和上色调味品（酱油、糖色、老抽等）等调味品，用小火焖制成菜的一种方法。

红焖一般以味醇微辣的家常味为主，是以生抽、老抽、蚝油、酱类、糖色等液体、流体调味品为主要调味品，成品以色泽深红（或类似红色）而得名。红焖的菜肴具有色泽红润（或类似红润的色泽）、汁芡浓亮、滋味醇厚香美的特点。

2.工艺流程

选料→切配→煸炒或过油→炝锅→加汤、调味品→焖制→装盘。

3.操作要求

(1) 选料严格，要选用新鲜、易于成熟的原料；

(2) 必须使用鲜汤，汤水要一次加足，不多不少，不宜中途加汤或焖时加汤；

(3) 酱油或糖色的使用量要恰当，保证色泽红润；

(4) 不宜用旺火加热，恰当掌握火候，加盖用小火长时间加热确保酥软。

4.特点

质地酥软，汤汁黏稠，香鲜味醇，色泽红润。

5.相关菜例

红焖鸡块、红焖羊肉、红焖牛腩、红焖茄子、红焖瓠瓜、红焖河鳗、红焖茭白等。

注：红焖法与红烧法的区别

(1) 红焖菜肴原料的切后形状不仅要比红烧菜肴的大些、厚些，而且加热时间也要长些，因此必须加盖慢火焖制。

(2) 红焖菜肴的原料只限于质地较为坚韧的，不像红烧菜肴那样，质地柔软或有筋性的都可以作为烧制原料。焖制前，需要根据原料以及质地采用不同的熟处理方法。一般而言，动物性原料需要过油翻炒，植物性原料需要滑油或焯水。

(3) 红焖菜肴第一次加热时间较短，第二次加热时间较长；而红烧菜肴则相反，往往是第一次加热时间较长（使原料成为半熟品或全熟品），第二次加热时间较短。

(4) 不宜用旺火加热，恰当掌握火候，加盖用小火长时间加热确保酥软。

(5) 制品成熟后，一般都不勾芡，依靠火力自然收汁。

二、黄焖

1.概念

黄焖是将原料初步处理后，经生煸断生（或挂薄湿粉油炸）后，加汤调味定型，加盖用小火烧至酥软入味并收浓汤汁成菜的一种烹调方法。黄焖菜肴一般以精盐、上汤、姜黄粉、咖喱粉、南瓜汁等为主要调味品，以醇厚咸香的咸鲜味为主。黄焖和红焖相比所用糖色和酱油比较少，菜肴颜色为浅黄色。

如谭家菜中的“黄焖鱼翅”，芡汁是用黄色的上汤调剂的，浇在黄色的鱼翅上，黄焖的特色就十分浓郁。加咖喱粉焖制的菜肴，也具有明显的黄色。有些地区，做黄焖菜肴时还要加些生抽、蚝油，使菜肴具有深黄的颜色。总的来说，黄焖菜肴具有色泽黄润（或深黄）、汁芡浓亮 、口味醇厚的特点。

有诗云：

“原料处理入锅煸，加入姜黄咖喱盐；小火烧至菜酥软，汤汁黏稠色黄浅。”

2.工艺流程

选料→切配→煸炒或过油→炝锅→加汤、调味品→焖制→装盘。

3.操作要求

（1）选料严格，要选用新鲜、易于成熟的原料。

（2）原料在加热或初熟处理后（如生煸或油炸），要使其表面呈现黄色，即为用黄焖法成菜后打下了“底色”。

（3）必须使用鲜汤，汤水要一次加足。原料在加汤和调味品焖制时，汤的颜色应达到浅黄或黄色为宜。这样，当原料熟后，随着汤汁的减少，汤汁的颜色也会加深、加重；如先是浅黄色，就会变成深黄色，如需放生抽、蚝油时，要放得适量，不可使汤汁的颜色过深、过重，更不宜以生抽等有色调味品作为黄焖菜肴的主咸口味，应以精盐为主咸口味。

（4）焖制时，基本与红焖法相同。但黄焖菜肴，有的需在砂锅中焖制，有的成菜不加湿淀粉勾芡。

（5）不宜用旺火加热，恰当掌握火候，加盖用小火长时间加热确保酥软。

4.特点

质地酥软，汤汁黏稠，香鲜味醇，色泽浅黄。

5.相关菜例

黄焖羊肉、黄焖鸡、黄焖兔肉、黄焖老鹅、黄焖猪手、黄焖鸭等。

▲黄焖鸡

三、油焖

1.概念

油焖是将原料初步处理，再经过油炸、煎，加上以糖为主的调味品后，加汤调味定型，加盖用小火烧至酥软入味，并收浓汤汁成菜的一种烹调方法。油焖菜肴一般不挂糊、不拍粉、不勾芡。特点：色泽明亮，口味甜咸醇香。油焖菜的关键是收汁时的火候和手法，一般是先用慢火焖烧，待汤汁不多将要变浓时改用旺火，并不停地晃勺、翻勺，浇淋两三次明油，这时要特别注意火候，防止粘锅，待色泽逐渐明亮时即可出锅。油焖菜肴以酱香味为主。

2.工艺流程

选料→切配→过油→入锅→加汤、调味品→焖制→收汁→装盘。

3.操作要求

(1) 应选用质地鲜嫩，易于成熟的原料；
(2) 原料加工，要大小一致；
(3) 在焖制前需经过过油处理；
(4) 加盖用小火长时间加热确保酥软；
(5) 焖制要使用鲜汤，增加菜肴醇厚；
(6) 宜用中小火焖制，不宜时间过长，收干汁。

4.特点

质地酥软，滋味醇厚，色泽明亮。

5.相关菜例

油焖茄子、油焖茭白、油焖大虾、油焖笋、油焖小龙虾、油焖蟹等。

四、酒焖

1.概念

酒焖是将原料初步处理后，经过油炸或煸、煎，再加入酒和调味品，加汤调味定型，加盖用小火烧至酥软入味，并收浓汤汁成菜的一种烹调方法。在烹调时需加入酒类进行焖制。酒含有乙醇及高级醇类、脂肪酸类、脂类、醛类等多种化学成分，酒的芳香气味由200多种化合物组成。酒做菜能起到去腥、解腻、增香的作用。成菜色泽红亮，酒香扑鼻，酒香浓郁，肉酥入味，甜咸可口，肥而不腻，别有风味。

●● 有诗云：

“原料过油或生煎，不需拍粉不勾芡；入锅调味加汤焖，慢火焖烧汁收干。”

▲ 油焖小龙虾

酒焖用到的酒主要有:

白酒:白酒多作饮品,烹饪中也作调味品使用。其在烹饪中主要具有去腥除膻、杀菌防腐、增香添味、解腻的作用。由于白酒的酒精含量高,容易破坏菜肴的风味,一般仅在制作某些特殊的菜肴时使用少许,主要用于对腥膻味较重的原料进行加工除味和一些风味菜肴的制作,例如茅台酒烧鸡球、汾酒牛肉等。制作醉菜时,会用白酒,如醉虾、醉鸡、醉蟹等,其成菜效果比黄酒佳。烹饪运用范围不如黄酒广泛,这也正是在烹调中白酒不能代替黄酒的原因。

黄酒:黄酒在烹调中既可以用于原料加工时的腌制和码味,又适于菜肴的烹制和调味。可以起去腥膻、解腻味、增香味及帮助呈味成分的渗透等作用,还具有一定的杀菌消毒作用。使用时要注意用量,不可太多,以不影响菜肴口感、没有残留的酒为宜。黄酒中含有多种维生素和微量元素,可使菜肴的营养更加丰富;在烹饪肉、禽、蛋等菜肴时,加入黄酒能渗透到食物组织内部,溶解微量的有机物质,从而使菜肴质地松嫩。

啤酒:用啤酒调生粉拌肉片、肉丝,可增加肉质的鲜嫩;用啤酒烹调鸡、鸭、鹅等禽类和鱼、虾等海产品,可去腥增香。菜肴如啤酒焖鸡、啤酒蒸鸡、啤酒炖鱼以及加拿大名菜啤酒肉饼等。误区:有些人喜欢用啤酒代替黄酒或料酒,觉得味道更好些,其实这样做是不对的。因为啤酒中有很大一部分是二氧化碳气体。这种二氧化碳气体的挥发性是很大的,尤其是受热以后。所以说,如果烹调的时候往菜里加入啤酒的话,酒精在溶解腥膻味之前就已经挥发掉了,当然也就达不到去腥除腻的效果了。

葡萄酒:葡萄酒在菜肴烹调中具有增香、除腥膻、增色泽的作用。菜肴如:中餐中的葡汁鸡、葡萄酒烧鹌鹑、贵妃鸡翅等;西餐中的法式红酒烩牛肉用的是红葡萄酒,法式煮鱼和白酒鲜蘑沙司等用的是白葡萄酒。

酒酿:酒酿可直接食用,也可作调味品使用,常用于烹制菜肴或制作风味小吃。可用于烧菜、甜品菜、糟汁菜及风味小吃的制作,主要起增香、和味的作用,还具有去腥、除异、提鲜、解腻等作用,并有促进食欲、帮助消化、温寒补虚等功用。

香糟:香糟是酒糟的一种,利用酿制黄酒时经蒸馏或压榨后余下的残渣,再经加工制作而成的汁渣混合物。香糟味醇、香浓、风味独特,可用来糟制肉、禽、鱼类等动物性原料的调味,适于烧、熘、煎、炝、醉、爆等多种烹调方法,主要起去腥、增香、生味的作用。由于其色泽红艳,除调味外还具有增色的作用。在闽菜中使用红糟制作菜肴较广泛。

2.工艺流程

选料→切配→过油→炝锅→加汤、调味品→焖制→收汁→装盘。

3.操作要求

(1) 一般选用具有腥膻异味的原料,如鱼、虾等必须使用鲜汤,不宜用旺火加热;

(2) 加盖用小火长时间加热,确保酥软;

(3) 注意酒的用量与加入时机。

4.特点

质地酥软,浓汁黏滑,酒香味醇。

5.相关菜例

黄酒焖鱼、酒焖大虾、酒焖猪手、酒焖鸡翅、老酒焖肉等。

有诗云:

"原料改刀炸或煸,加汤调味烧酥软;烹入白酒或黄酒,成菜红亮味甜咸。"

▲ 酒焖鸡翅

▲ 酒焖猪手

▲ 酱焖猪蹄

五、酱焖

有诗云：

"主料油煸或油炸，炝锅加汤和豆酱；小火加热菜酥软，汤汁黏稠味醇香。"

1.概念

酱焖是将主料经过加工处理，用热油煸炒或炸后，炝锅加鲜汤和各种酱（豆瓣酱、大豆酱、金黄酱等）等调味品，用小火焖制成菜的一种方法。

2.工艺流程

选料→切配→煸炒或过油→炝锅→加汤、酱料→焖制→装盘。

3.操作要求

(1) 选料多选用新鲜、易于成熟的原料；

(2) 必须使用鲜汤，汤水要一次加足；

(3) 酱料的使用量要恰当，保证口味适口和色泽红润；

(4) 不宜用旺火加热，恰当掌握火候，加盖用小火长时间加热确保酥软。

4.特点

质地酥软，汤汁黏稠，香鲜味醇，色泽红润。

5.相关菜例

酱焖鲤鱼、酱焖茄子、酱焖牛排、酱焖猪蹄、酱焖鸡块等。

▲ 酱焖茄子

六、罐焖

1.概念

罐焖是将切成小块或小件的原料，经水烫或油炸后，放入特制的焖罐中，加汤汁和调味品（加盖）以慢火焖制成菜的方法。

罐焖法吸收了西餐的某些传统方法，原料多用牛肉、鸡肉、鸭肉等。原料在初熟处理时，多用芹菜、胡萝卜、白胡椒等调味。配料多用白薯、鲜菇、胡萝卜等。焖制的汤汁中，往往还要加茄汁或牛油（即黄油）。

2.工艺流程

选料→切配→焯水或过油→入罐→加汤、调味品→焖制→装盘。

3.操作要求

(1) 原料在罐中焖制时，汤汁和调味品一次加足、加准，加盖直至焖制成菜，不宜中途添加汤汁或调味品；

(2) 在用罐焖之前，原料一般都要经过初步熟处理，并以调味的汤汁混合烧滚后，再放入罐中，然后加盖，放在烧热的铁板上慢火焖；

(3) 罐中的汤汁不因慢火焖制而明显减少。

4.特点

原汁原味，汤汁浓亮，香醇不腻。

5.相关菜例

罐焖牛肉、罐焖鸡、罐焖肘子、罐焖鸭、罐焖鸽子、鲍鱼焖罐肉、罐焖羊肉等。

有诗云：

"原料切成小块件，油炸之后入焖罐；调味茄汁或牛油，焖制香酥可装盘。"

▲鲍鱼焖罐肉

任务五 煨

▲ 佛跳墙

煨是将加工处理的原料先用开水焯烫，放入砂锅中加足适量的汤水和调味品，用旺火烧开，撇去浮沫后加盖，改用小火长时间加热，直至汤汁黏稠，原料完全松软的烹饪技法。

煨菜原料多是质地老、纤维质粗的牛肉、羊肉、鸭、鹅之类大块或整料，煨前不腌渍、挂糊，初步熟处理比较简单，开水焯烫即可，要撇净浮沫，煨制时一次加足水或大量汤汁，中途不可添加，旺火烧沸，再用小火或微火长时间加热成菜。在煨制过程中，应尽少揭盖，以微火保持汤汁开而不沸。具有汤汁浓白、味鲜醇厚、汤宽浓郁的特点。

在入锅煨制时，凡使用多种原料的，下料时均应做不同处理。性质坚实、能耐长时间加热的原料可以先下锅，耐热性差（大都为辅料）的主料煨制半酥时下入。

正确掌握火力与加热时间。封闭罐口后需要用小火，在2～3小时内，始终保持汤汁微沸而不沸腾状态，并注意不使汤汁溢出，既要保证原料酥软，又要防止过度酥烂。

为使汤汁浓稠，如果原料含脂肪太少，可适量加油煸炒，使油脂在煨制过程中在汤中乳化，以酥软为主，不勾芡。

煨制的菜肴一般以咸鲜味、咸甜味、香糟味为主，菜名应具有醇香鲜美，与主料本身滋味相结合的特点。煨制时一次性将汤、调味品加足烧沸，加盖密封用小火煨制成菜。

有诗云：

“煨菜适合家庭做，烧煨二法汤汁多；微火煨烧菜酥烂，胶质原料细心做。”

煨与焖相似，同属长时间加热成菜的方法，但又有所不同：一是比焖加热时间更长，多用炉火的余热进行长时间烹制；二是煨制的菜肴汤汁较宽，不勾芡。煨制原料焯水后需用清水洗净，原料烧沸后，应移至小火或微火上煨制，汤汁保持似沸非沸状态，以使汤汁清醇，原料完整不烂。

▲鲍鱼仔煨土鸡

一、红煨

1.概念

红煨是将加工处理的原料先用开水焯烫，放入砂锅中加足适量的汤水和有色调味品，用旺火烧开，撇去浮沫后加盖，改用小火长时间加热，直至汤汁黏稠，原料完全松软的烹饪技法。汤汁红润黏稠，味道醇厚，特别是一些动物性原料。

2.工艺流程

选料→切配→焯水→放入砂锅加汤水、调味品→加盖煨制→成菜。

3.操作要求

（1）多选用老韧、富含蛋白质和风味物质的动物性原料，增加菜肴的风味；

（2）煨制时要盖严罐口；

（3）正确使用火候，大火烧开要撇去浮沫，用微火长时间加热；

（4）一次性加入足量的汤汁，中途不可加水，形成汤汁黏稠；

（5）多种原料要视原料质地，采取不同时间放入，原料要煨至酥烂。

4.特点

汤汁浓稠，半汤半菜，色泽红润，味厚汁醇，主料酥烂。

5.相关菜例

红煨排骨、红煨牛肉、红煨鸡、红煨土豆、红煨鸡翅、红煨猪尾等。

▲红煨猪尾

有诗云：

“原料改刀开水焯，放入砂锅调汤料；旺火烧沸小火煨，半汤半菜原味好。”

二、白煨

1.概念

白煨是将初步熟处理的原料放入陶制器皿中，加入无色调味品和较多的汤汁，用旺火烧沸，加盖封闭，以微火长时间加热入味成熟且汤汁浓白的一种烹调方法。

2.工艺流程

选料→切配→焯水→放入砂锅加汤水、调味品→加盖煨制→成菜。

3.操作要求

(1) 多选用老韧、富含蛋白质和风味物质的动物性原料，增加菜肴的风味；

(2) 煨制时要盖严罐口；

(3) 正确使用火候，大火烧开要撇去浮沫，用微火长时间加热；

(4) 一次性加入足量的汤汁，中途不可加水，形成汤汁黏稠；

(5) 多种原料要视原料质地，采取不同时间放入，原料要煨至酥烂。

4.特点

半汤半菜，味厚汁醇，主料酥烂。

5.相关菜例

白煨猪肚、白煨脐门、冬瓜煨排骨、山药煨羊肉、白煨甲鱼等。

有诗云：

“原料焯水入陶器，无色调料配汤汁；旺火烧沸盖封闭，汤汁浓白微火制。”

▲瓦罐煨金瓜

任务六 扒

扒就是将初步加工处理好的原料改刀成型，好面朝下，整齐地摆入勺内或摆成图案，加适量的汤汁和调味品慢火加热成熟，待原料熟透入味后，通过晃勺、勾芡和大翻勺，将好面朝上，淋入明油，拖倒入盘内的方法。

传统扒的技法，是指将加工造型的原料，以原型放入锅中，加入适量汤水和调味品，用中小火加热，待原料熟透入味后勾芡，用大翻勺的技巧盛入盘内，菜形不散不乱，保持原有美观形状。由于传统扒的技法难度大，很多厨师改变了加热和装盘方法。用新概念来诠释，扒就是将加工成型或整形的烹调原料，通过焯水、过油、汽蒸、走红等初步热处理后，根据菜肴风味需要，调制一定黏稠度的卤汁（也可是清汤）加入原料中慢火成菜的一种烹调技法。

扒的烹调技法，在全国各地运用均有不同，尤以山东、北京、东北等地最为著名，在我国福建、广州等地也经常使用扒菜技法。目前各地已形成多种扒法。

不容易入味的原料，经过长时间加热不变形的原料，劲道有韧性、烹制后软香味醇的原料，适合用扒的技法成菜。扒菜一般选用高档、精致、熟烂的原料，如鱼翅、鲍鱼、干贝等海类产品，或熟大肠、熟鸡、熟口条、熟猪头等。

对于本来没有味道的原料，扒制时用汤汁（如高汤、鸡汤、鱼汤、卤汤等）和调味品一起来调味增香。如扒广肚，广肚本无味，在调和咸鲜味的同时一定要注意用汤汁为其增鲜。

对于原本就具有香味的原料，扒制时只通过调味品来入味即可。如猪肉和羊肉，它们自身就有一定的肉香味，扒制时可不主要依靠高汤来入味。

扒菜在加工上，要根据原料的性质和烹制目的，将原料加工成块、片、条等形状或整只，便于烹制时摆成一定的形状或图案。

扒菜火候要求更严格，旺火加热烧开，改用中小火长时间煨透，使原料有味道，最后旺火勾芡，菜肴成熟，口感适中，一气呵成。

扒菜的芡汁属于糊芡，成品盛入盘中有少量的卤汁滑入盘中。一部分芡汁融合在原料里，一部分芡汁淋于盘中，光洁明亮。对于扒菜的芡汁有很严格的要求，如芡汁过浓，对扒菜的大翻勺造成一定的困难；如芡汁过稀，对菜肴的调味、色泽有一定的影响，味不足，色泽不光亮。通常扒菜的勾芡手法有两种：一种是

▲扒蹄髈

▲扒牛口条

有诗云：

"熟料刀加工，整齐码勺中；加汤汁调味，成菜保原型。"

勺中淋芡，边旋转勺，边将芡汁淋入勺中，使芡汁均匀受热；另一种是勾浇淋芡，就是将做菜的原汤勾上芡或单独调汤后再勾芡，浇淋在菜肴上面，这一种手法的关键要掌握好芡的多少、颜色和厚薄等。

大翻勺是扒菜成败的关键因素之一。要求其动作干净利索，协调一致，在大翻勺时应特别注意以下几点：一是在进行扒菜大翻勺时要炼勺，使炒勺光滑好用，防止食物粘勺而翻不起来。二是在进行大翻勺时需要旺火，左手腕要有力，动作要快，勺内原料要转动几次，淋入明油，大翻勺即可。三是掌握大翻勺的动作要领：眼睛要盯着勺内的原料，轻扬轻放，保持菜肴造型美观。

扒菜出勺的技法有很多种。常用的有倒“扒”菜，在出勺之前将勺转动几下，顺着盘子自右而左地拖倒，这样做的目的是保持原料的整齐和美观，如蟹黄扒素翅。另外，还有的将勺内的原料在盘中摆成一定的形状和图案，最后淋上芡汁。

▲ 热菜烹调

扒的分类

按颜色分：

红扒：先用卤水将原料煮至上色，然后再以卤水或者老抽（以卤水为主，老抽只起到适当调色的辅助作用）加盐、味精等上色调味品扒制成菜的一种技法。红扒的菜品色泽红亮、浓香可口，所以属浓香型菜品，如“红扒仔鸡”。也有的红扒加入番茄汁、红曲米、糖色等红色调味品。

白扒：选用成熟后为白色（或接近白色）的原料，只加入高汤、盐、味精、胡椒粉等白色或者无色调味品进行扒制的一种技法。它的特点是乳白油亮、味道醇厚。一般菜品在加热过程中加入调味品后容易使原料和汤汁上色，所以制作白扒菜品应该注意用小火慢慢加热，一是为了容易渗透入味，二是为了保持颜色洁白。白扒菜属清香型、醇香型菜品，如“扒三白”。

按原料形状分：

整扒：整扒菜肴是以整只、整形的原料为主，如海参、肘子、仔鸡、野鸭、鲍鱼等菜肴。

散扒：散扒就是将几种原料相配，讲究大小一致，质地相仿，多以无骨、扁薄的原料较多，如各种蔬菜、火腿、鸡脯肉、大肠等动植物性原料。

按口味分：

五香扒：五香扒就是在菜肴中加五香味料扒制，菜肴香味浓郁，色泽红亮，菜例如“五香扒鸡”。

鱼香扒：鱼香扒是川菜味型，将扒类菜肴调制成鱼香味，具有色泽红润，小酸、小甜、小辣、葱姜蒜味浓郁等特点，根据菜肴美观要求，鱼香汁中的葱姜蒜末捞出不用，保持菜肴红亮清洁，菜例如“鱼香扒素翅”。

鸡油扒：鸡油扒就是菜肴浇汁、打尾油都用鸡油为主要调味品，菜肴成品口味爽滑，鲜香味醇，色泽清亮，菜例如“鸡油扒口蘑”。在鸡油扒的基础上可加入虾籽、蟹粉，会

▲ 红花汁扒花胶

使菜肴身价倍增。

蚝油扒：蚝油扒就是菜肴浇汁用蚝油为主要调味品，菜肴成品口味鲜美，色泽明亮，菜例如“蚝油扒菜心”。

葱扒：葱扒是主料中加入大葱或葱油扒制成菜的方法，葱香四溢，成菜后挑出大葱上桌。葱油扒的特点是只闻葱味不见葱形，菜例如“京葱扒鸭”。

奶油扒：奶油扒是汤汁加入牛奶、奶油、牛油、奶粉、白糖等调味品，有一股奶油味，如“奶油扒芦笋”。

酱汁扒：在红扒的基础上加入各种酱汁（如甜面酱、排骨酱、豆瓣酱、海鲜酱、黄酱等）调成复合味扒制成菜的方法。酱汁扒菜肴具有色泽油亮、酱香浓郁、咸鲜味厚、略带回甜等特点。菜例如酱扒鱼唇、酱扒猪脸。

按技法分：

蒸扒：先将加工好的原料加入调味品，上笼蒸制成熟后再进行扒制的一种技法。特点为软嫩糯醇、清香软烂。蒸扒分为红色、白色，白色居多，用清高汤扒制，卤水也可，但比较少见。注意：制作时先用大火将原料蒸制成熟，大火蒸容易让调味品迅速渗透，保持形状。蒸扒属清香型、醇香型菜品。

炸扒：先将原料进行炸制，保持其外形，然后进行扒制的一种技法。其特点为保留外形、原汁原味、软香浓烂。炸扒时一般保持原料原形，整个浸炸，然后扒制。炸扒的汤汁为红汤，炸制时用大火，这样可以上色和定型，炸后外表发焦，中心不熟，卤水卤制成熟，再用卤水汁进行扒制。因为先卤制后扒制，所以要注意火候，保持原形。

煎扒：将原料加工成型后，在锅中煎出形状和颜色（一般是金黄色），加入调味品扒制而成的一种技法。其特点是外形美观、软香适口。制作时应注意先将原料用中火煎一段时间保持形状（小火煎原料容易浸油，大火煎原料容易变色），只煎一面直接扒制即可，扒制后的汤汁不能稠，煎制品比较油腻，汤汁如果稠了口感不佳，也破坏原料形状，汤汁最好为无色。煎扒菜肴属浓香型、酱香型菜品。

按原料分：

荤扒：动物性原料要经过汽蒸、过油、走红处理，将原料加工成成品或半成品，再调味加热后扒制成菜。其目的是让主料入味，也具有解腥去味的作用。扒的菜肴选料广泛，尤以扒制山珍海味著称。

素扒：蔬菜等素类原料要经过油、加盐、沸汤、焯水后再进行扒制。

按造型分：

勺内扒：勺内扒就是将原料改刀成型，放入勺内进行加热成熟，最后大翻勺出锅即成。

勺外扒：勺外扒就是所谓的蒸扒，原料摆成一定的图案后，加入汤汁、调味品，上笼进行蒸制，最后出笼，汤汁烧开，勾芡浇在菜肴上即成。

按地域划分：

东北扒：在东北一带，善用大翻勺（将菜肴悬空甩出，菜肴在空中底面整个翻到上面，再以空勺接回），后装盘成菜（菜肴形体完整无破损）。菜例如“素扒鱼翅”“红扒鱼肚”。

京鲁扒：在山东、北京、天津一带，扒菜有时先用砂锅煨制原料，砂锅用猪骨或鸡架骨垫底，主料用纱布包好（或不包）摆放砂锅中，再加入其他香料、调味品或火腿、老鸭等配料，然后加入汤汁，加盖焖至主料质地软香入味，取出主料，摆放盘中，起锅将原汁用水淀粉勾芡后浇在主料上。菜例如“五香扒肘”。

福建扒：在福建一带，扒制方法也如此，但常用竹箅垫底，如“虾籽扒大乌参”“菜心扒极品鲍”。

广东扒：广东一带扒菜，一般是将加工的原料经过沸水、沸汤焯熟，汽蒸或过油等初步熟（并调味）处理后，在盘中摆放整齐，取鲜汤调味兑汁，烧沸勾入水淀粉，打上明油调成卤汁，再把卤汁浇在原料上。此法扒制菜肴，具有造型美观，色、香、味俱佳等优点。菜例如“口蘑扒菜心”“扒素什锦”。

▲ 扒鲍鱼

一、红扒

1.概念

红扒就是将初步加工处理好的原料改刀成型，好面朝下，整齐地摆入勺内或摆成图案，加适量的汤汁和酱油或糖色等有色调味品慢火加热成熟，待原料熟透入味后，通过晃勺、勾芡和大翻勺，将好面朝上，淋入明油，拖倒入盘内的烹调技法。

2.工艺流程

选料→熟处理（焯水、过油等）→刀工处理→炝锅→下料→添汤→调味（酱油、糖色等调色）→焖烧→勾芡→淋明油→大翻勺→整理装盘。

3.操作要求

(1) 要选用质优、形美、味鲜香的主料，以山珍海味为主，如鱼翅、鲍鱼、海参等；

(2) 刀工成型整齐均匀，尽量显示原料的完整形态；

(3) 原料扒制前必须经过热处理，某些异味较重的原料也可焯水或焯水后再汽蒸，畜、禽肉也可以走红或过油；

(4) 不能用油过多，要做到“用油不见油”；

(5) 扒菜一般用高汤，没有高汤用原汤，山珍海味在初步熟处理时就要用鲜汤赋味，正式烹调时使用精制清汤或浓白汤、鲜汤，是保证菜品质量的基础；

(6) 控制火力，旺火烧开，中火煨透，最后旺火勾芡；

(7) 勾芡芡汁要适当，掌握好浓稠度，既要裹附均匀，还要明亮光洁，要及时旋锅，以防菜品形状散乱；

(8) 淋油、翻锅、装盘动作要流畅、稳健，一气呵成。旋锅要滑，角度要准，起锅用力要稳，翻转弧线要流畅，高度要适中，落勺要平稳，成型要整齐。

4.特点

色泽红润，形状美观，质味醇厚，浓而不腻，芡汁明亮。

5.相关菜例

红扒鱼翅、红扒肘子、红扒海参、红扒鸡、红扒方肉、红扒面筋等。

▲ 红扒肘子

▲ 红扒鸡

有诗云：

“原料成型入卤锅，红卤菜肴上颜色；香料调味出浓香，成品红亮之色泽。”

二、白扒

1.概念

白扒是将原料加工整齐，并经过初步熟处理后，再整齐地摆在锅中，加适量汤水和无色调味品，用中小火加热成熟，勾芡、翻锅，仍保持整齐形态成菜的一种烹调方法。白扒与红扒的区别主要体现在调味品上，且成品色泽较淡。

2.工艺流程

选料→熟处理（焯水、过油等）→刀工处理→炝锅→下料→添汤→调味→焖烧→勾芡→淋明油→大翻勺→整理装盘。

●● 有诗云：

“选择原料为白色，熟处理后入炒锅；小火加热易入味，技术要领大翻勺。”

3.操作要求

（1）要选用质优、形美、味鲜香的主料，以山珍海味为主，如鱼翅、鲍鱼、海参等；

（2）刀工成型整齐均匀，要巧妙地利用原料的自然形态进行造型，尽量显示原料的完整形态，翻锅后菜肴仍保持整齐形态成菜；

（3）原料扒制前必须经过热处理，某些异味较重的原料也可焯水或焯水后再汽蒸，畜、禽肉也可以走红或过油；

（4）不能用油过多，要做到“用油不见油”；

（5）扒菜一般用高汤，没有高汤用原汤，成菜色泽较淡；

（6）控制火力，旺火烧开，中火煨透，最后旺火勾芡；

（7）勾芡芡汁要适当，掌握好浓稠度；

（8）拖入盘中要轻，保持菜肴形状完整。

4.特点

形状美观，质味醇厚，浓而不腻，芡汁明亮。

5.相关菜例

白扒鱼翅、白扒牛舌、白扒三鲜、白扒鱼皮、香菇扒芦笋等。

▲ 香菇扒芦笋

三、整扒

1.概念

整扒就是以整只、整形的原料为主进行扒制，菜肴形态完整美观，质感熟烂，芡汁明亮。

2.工艺流程

选料→熟处理（焯水、过油等）→炝锅→下料→添汤→调味→焖烧→勾芡→淋明油→大翻勺→整理装盘。

3.操作要求

（1）要选用质优、形美整只的原料为主料，如整鸡、猪脸、羊脸、鱼头、鲍鱼、海参等；

（2）扒制时，尽量显示原料的完整形态，保持美观；

（3）大型原料扒制前必须经过熟处理；

（4）不能用油过多，要做到“用油不见油”；

●● 有诗云：

“原料要求需整只，下锅入味形整齐；浅色调料色洁白，成菜翻匀入盘里。”

▲ 整扒乌参

(5) 控制火力，旺火烧开，中火煨透，最后旺火勾芡；

(6) 勾芡芡汁要适当，掌握好浓稠度；

(7) 拖入盘中要轻，保持菜肴形状完整。

4.特点

形状美观，质味醇厚，浓而不腻，芡汁明亮。

5.相关菜例

整扒猪头、整扒乌参、整扒肘子、整扒仔鸡、整扒野鸭、整扒鲍鱼等。

●● 有诗云：

“多种原料搭配全，质地相仿是关键；最好无骨菜扁薄，同时成熟味美鲜。”

四、散扒

1.概念

散扒就是将几种原料相配，讲究大小一致，质地相仿，原料以无骨、扁薄的较多，如各种蔬菜、火腿、鸡脯肉、大肠等动植物性原料。

2.工艺流程

选料→刀工处理→熟处理（焯水、过油等）→炝锅→下料→添汤→调味→焖烧→勾芡→淋明油→大翻勺→整理装盘。

3.操作要求

(1) 要选用质优、形美、味鲜香的主料；

(2) 刀工成型整齐均匀；

(3) 扒菜一般用高汤，特别是素菜，要用高汤入味；

(4) 控制火力，旺火烧开，中火煨透，最后旺火勾芡；

(5) 勾芡芡汁要适当，掌握好浓稠度；

(6) 翻锅后菜肴仍保持下锅形状；

(7) 拖入盘中要轻，保持菜肴形状完整。

4.特点

形状美观，质味醇厚，芡汁明亮。

5.相关菜例

扒散翅、扒大肠、扒豆角、扒什锦、扒三鲜等。

▲ 扒什锦鲍鱼

五、葱扒

1.概念

葱扒是主料中加入大葱或葱油，扒制成菜的方法。葱香四溢，成菜后挑出大葱上桌。葱扒的特点是只闻葱味不见葱形。

2.工艺流程

选料→刀工处理→熟处理（焯水、过油等）→炸葱段炝锅→下料→添汤→调味→焖烧→勾芡→淋明油→大翻勺→整理装盘。

3.操作要求

(1) 要选用易于入味香的主料；

(2) 刀工成型整齐均匀，或整只小型原料，尽量显示原料的完整形态；

(3) 大葱要炸出葱香，保持菜肴的葱香味；

(4) 控制火力，旺火烧开，中火煨透，最后旺火勾芡；

(5) 勾芡芡汁要适当，掌握好浓稠度；

(6) 翻锅后菜肴仍保持整齐形态成菜；

(7) 拖入盘中要轻，保持菜肴形状完整。

4.特点

形状美观，质味醇厚，葱香味浓，芡汁明亮。

5.相关菜例

葱扒鸡、葱扒鸭、葱扒海参、葱扒肘子、葱扒牛头肉等。

有诗云：

“原料改刀先过油，炸葱炝锅炸料头；添汤调味需焖烧，勾芡翻勺淋明油。”

▲ 葱扒牛头肉

六、蒸扒

1.概念

蒸扒是先将加工好的原料加入调味品，上笼蒸制成熟后再进行扒制的一种技法。特点为软嫩糯醇、清香软烂。蒸扒分为红色、白色，白色居多，用清高汤扒制，卤水也可，但比较少见。注意：制作时先用大火将原料蒸制成熟，大火蒸容易让调味品迅速渗透，保持形状。蒸扒属清香型、醇香型菜品。

2.工艺流程

选料→刀工处理→熟处理（焯水、过油等）→添汤→调味→蒸制→整理装盘。

3.操作要求

(1) 多选用肉质醇厚的动物性原料；

(2) 刀工成型整齐均匀，或整只原料，尽量显示原料的完整形态；

(3) 蒸制前要摆好形状；

(4) 蒸制前加汤要进行调味；

(5) 控制火力，旺火蒸制；

(6) 蒸好后，可以将汤滗出，勾芡浇上，芡汁要适当，掌握好浓稠度；

(7) 装盘动作要轻，保持菜肴形状完整。

4.特点

形状美观，原汁原味，清爽适口。

5.相关菜例

蒸扒三鲜、蒸扒猪脸、蒸扒仔鸡、蒸扒鲍鱼、蒸扒羊脑等。

有诗云：

“原料调味先蒸熟，动物原料味醇厚；滗汤勾芡大翻勺，完整形态面上头。”

▲胶东海带情

任务七 煮

煮就是将处理好的原料放入足量汤水，用不同的加热时间进行加热，待原料成熟时，即可出锅的技法。特点是汤多汁浓，口味清鲜，汤菜各半，质地酥烂或鲜嫩。

具体操作方法：将食物加工后，放置在锅中，加入调味品，注入适量的清水或汤汁，用武火煮沸后，再用文火煮熟。适用于体小、质软类的原料。所制食品口味清鲜、美味，煮的时间比炖的时间短，比汆的时间长。煮的食物避免了烧烤类的油腻与长时间产生的致癌物，是一种健康的饮食方式。

煮和汆相似，但煮比汆的时间长。煮是把主料放于多量的汤汁或清水中，先用大火烧开，再用中火或小火慢慢煮熟的一种烹调方法。

煮法是以水为介质导热技法中用途最广泛，功能最齐全的技法。原料为畜类、鱼类、豆制品、蔬菜等。代表菜有水煮干丝、水煮牛肉。

水煮操作的关键：

(1) 水煮法注重用高汤，注重调味；

(2) 水煮法所用的原料，一般是纤维短、质细嫩、异味小的鲜活原料；

(3) 水煮所用原料，都必须加工切配为符合煮制要求的规格形态，如丝、片、条、小块、丁等；

(4) 菜肴均带有较多的汤汁，是一种半汤菜；

(5) 正确掌握火候，旺火烧沸，中火较长时间加热。

有诗云：

"原料分类初加工，滚水飞过血污净；锅中加水调适口，食品熟透菜品成。"

▲ 水煮肥牛

●● 有诗云：

"白煮工艺很简单，根据原料定时间；大火煮开小火熟，鲜咸趁热切装盘。"

▲ 白煮鸡

一、白煮

1.概念

白煮是将加工整理的生料放入清水中，烧开后改用中小火长时间加热成熟，趁热切配装盘，配调味品（拌食或蘸食）成菜的一种烹调技法。

2.工艺流程

选料→加工整理→入锅煮制→调味→装盘。

3.操作要求

(1) 主要选用一些质地较为坚硬的动物性原料，注重用高汤，特别是一些无味的原料；

(2) 注重调味，一般在菜肴快出锅时调味或蘸食；

(3) 正确掌握火候，旺火烧沸，中火加热；

(4) 煮制菜肴不需要勾芡。

4.特点

汤色乳白味浓，原料质地软嫩，鲜咸爽口醇正。

5.相关菜例

白煮豆腐、白煮鸡、白煮肘子、白切肉、手抓羊肉等。

二、油水煮

1.概念

油水煮是将原料经多种方式的初步熟处理，包括炒、煎、炸、滑油、焯烫等预制成为半成品，放入锅内加适量汤汁和调味品，用旺火烧开后，改用中火加热成菜的技法。热菜煮法以最大限度地抑制原料鲜味流失为目的。所以加热时间不能太长，防止原料过度软散失味。特点：菜肴质感大多以鲜嫩为主，也有以软嫩为主，也有软嫩和酥嫩，都带有一定汤液，大多不勾芡，少数品种勾稀薄芡，以增加汤汁黏性，与烧菜比较，汤汁稍宽，属于半汤菜，口味以鲜咸、清香为主，有的滋味浓厚。

2.工艺流程

选料→切配→焯烫等预热处理→入锅加汤调味→煮制→装盘。

▲ 水煮肉片

●● 有诗云：

"原料改刀先焯烫，预热处理后入汤；此菜属于半汤菜，口感咸香富营养。"

3.操作要求

(1) 一般选用质细嫩、异味小的鲜活原料；

(2) 原料多加工成丝、片、条、小块、丁等；

(3) 菜肴均带有较多的汤汁，是一种半汤菜；

(4) 一般不需要勾芡。

4.特点

质地软嫩，鲜咸爽口。

5.相关菜例

水煮干丝、水煮牛肉、水煮肉片、水煮牛蛙等。

任务八 汆

▲金汤生鱼片

1.概念

汆是用质地脆嫩、极薄易熟的原料，入沸汤水锅内快速加热断生，一滚即起的烹调方法。

汆，上面是“入”，下面是“水”，合起来表示“（把东西）放入（沸）水中”。这种方法即将荤素原料洗净后，投入沸水锅中煮至一定熟度或略煮一下捞出的初步熟处理方法，也是将鲜嫩原料投入沸汤锅中制熟成菜的一种烹调方法。汆是汤菜的主要做法，大多用于小型或经过加工成片、丝、条和制成丸子的原料。用汆制方法成菜的菜品，质地鲜嫩，口味鲜美，一般以咸鲜、清淡、爽口为宜，如汆鸡片、汆猪肝等菜品。

一种汆法是先将汤水用旺火煮沸，再投料下锅，加以调味，不勾芡，水一开即起锅。这种开水下锅的做法适于羊肉、猪肝、腰片、鸡片、里脊片、鱼虾片等。而鸡、羊、猪的肉丸，则宜略开的水下锅；鱼丸子宜温水下锅。

还有一种汆法是先将主料用沸水汆熟后捞出，放在盛器中，另将已调好味的、滚开的鲜汤，倒入盛器内一汆即成。这种汆法一般也称为汤泡或水泡。

用汆法成菜一般以汤作为传热介质，成菜速度较快，是制作汤菜的专门方法。这种方法特别注重对汤的调制。汤汁上，有清汤与浓汤之分，用清汤汆制的叫清汆，用浓汤汆制的叫浓汆。不管是清汆还是浓汆，所选原料必须细嫩鲜美，通常选用动物类细嫩瘦肉，如猪里脊肉、鸡脯肉、鱼、虾、贝类和肝、腰之类，而老韧、熟料，或不新鲜、有异味的原料，则不宜选用。

2.工艺流程

选料→切配→沸水（或汤）汆制→蘸料或调味→装盘。

3.操作要求

（1）选用质地鲜嫩的原料，一般加工成丁、条、丝、片等形状；

（2）汆制时，要视具体情况，使用冷水、温水、开水下锅，如汆肉丸、鱼丸可以冷水下锅，慢慢加热，汆鸡片则需要开水下锅；

（3）加热时间极短，原料断生即可；

（4）口味一般以咸鲜、清淡、爽口为宜；

（5）一些鲜味较重的原料使用汆制的原汤，异味较重的原料不可用原汤；

（6）汤汁不勾芡。

4.特点

汤汁清澈鲜美，原料鲜嫩爽口。

5.相关菜例

清汤鱼丸、菜心汆肉丸、蘑菇汆腰片、冬笋汆鱼片等。

有诗云：

“原料加工入滚水，熟透捞起汤碗内；兑汁调味溜菜底，料头热油浇上美。”

任务九 白灼

灼为粤菜常用烹饪技法之一，就是将汤或水烧沸，下原料烫至刚熟即捞出的烹调方法。取物料的本味，菜肴无汁、无芡，特别鲜嫩、爽脆。如白灼基围虾、白灼肥牛等。

因汤水中不加任何有色调味品，故叫白灼。白灼后的原料，经调味，即成为白灼菜肴。白灼菜肴的特点是：色泽素雅，脆嫩爽口，口味多样。要想做出高质量的白灼菜肴，必须掌握三要素，即原料白灼前的处理要得当、白灼的方法要适宜和白灼原料的调味要准确。

1.概念

“白灼”是粤菜的一种烹调技法，就是用滚水或汤将食物烫熟，然后马上捞出，再蘸着汤料食用。“白”，也就是不放带色的调味品。用于白灼的食物一般比较鲜嫩而且本味鲜美，焯烫用的时间很短，使用的调味品很简单，主要突出食材本身的鲜美与鲜嫩，口味也比较清淡。

2.工艺流程

选料→切配→沸水（或汤）汆制→蘸料或调味→装盘。

3.操作要求

（1）白灼菜一般以蔬菜或海鲜水产等清淡食材为主；

（2）白灼所用的水中都需要姜、葱、绍酒、草果等去腥；

（3）蘸料可根据个人爱好而定；

（4）灼时，汤水要开沸，根据原料控制好烫制的时间。

4.特点

原汁原味，鲜嫩爽口，清淡味美。

5.相关菜例

白灼大虾、白灼鹅肠、白灼腰片、白灼猪肝、白灼菜苔、白灼墨鱼仔等。

●● **有诗云：**

“白灼食材需鲜嫩，滚水烫过即烹饪；加入葱姜酒去腥，调味蘸食味本真。”

▲ 白灼大虾

▲ 白灼墨鱼仔

任务十 涮

▲ 老北京涮火锅

1.概念

涮是将鲜嫩易熟无骨的原料切成薄片或细长丝，放入沸汤中，经极短时间加热，涮至断生捞出，佐以事先兑好的调味汁食用的一种烹调方法。在卤汤锅中涮的可直接食用。

原料在沸水中加热所用时间很短，原料的鲜香味不易流失，成品滋味浓厚。

涮法的菜肴，质地鲜嫩，汤味鲜美。和汆、水爆、焯烫、灼、滚等都是同一火候类型。最有名的就是涮羊肉。

涮时，夹涮料少许，夹着置入翻开的汤里，晃动几下，就是涮几下，烫熟（汤始终翻开，应该在半分钟内就可以把涮料烫熟），蘸佐料食之。常见的佐料有：麻汁、香油、韭菜花酱、豆腐乳、蒜泥、酱油、辣椒油等。也可以用市场上售卖的现成的“涮羊肉调味品”。汤里不要放盐，可以放些增加鲜味的料，如海米、干贝、香菇等。咸味应该来自佐料。除涮料本身外，滋味以来自佐料为好，汤里最好不放调味物，可以按自己口味取佐料。

涮法必须在特制的炊具即火锅中进行。传统的火锅又叫炭锅。

2.工艺流程

选料→切成薄片→涮→捞出→蘸调味品。

3.操作要求

(1) 要选择纤维细短，肌间脂肪分布均匀的精肉以及海鲜或极嫩的蔬菜等鲜嫩原料；

(2) 为了便于切片，一般肉要冻硬再切；

(3) 清水或高汤，火要旺，汤要滚沸，加热标准由食用者自行掌握；

(4) 调味品要齐全，多样化；

(5) 汤里不要放盐，咸味应该来自佐料，除涮料本身外，滋味以来自佐料为好，可以按自己口味取佐料。

4.特点

主料鲜嫩不腻，汤多而清淡，鲜嫩爽口。

5.相关菜例

涮羊肉、各类火锅等。

有诗云：

“无骨原料切丝片，汤沸便可入锅涮；快速涮烫断生捞，佐料蘸食爽口菜。”

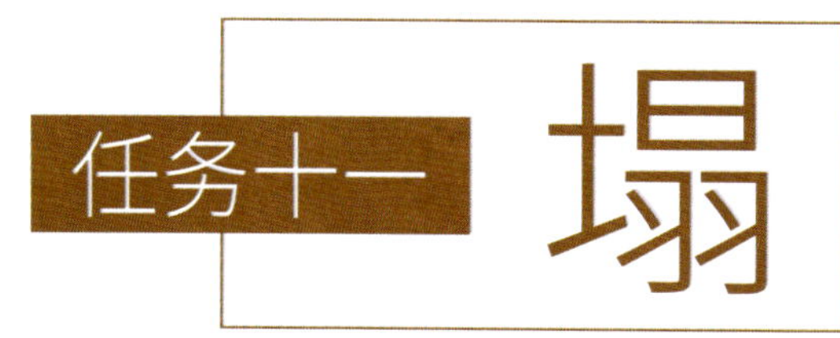

1.概念

塌是将扁平状的原料腌渍入味后，挂上薄糊，下油锅，先用少量油煎至糊层金黄干爽，添加适量汤水和调味品加盖，用中小火烧至原料熟软入味，并使汤汁基本耗尽的一种烹调方法。分为锅塌、糟塌、水塌、油塌、松塌等几种。塌的菜肴色泽鲜丽，质地酥嫩，味醇。

塌是山东菜独有的一种烹调方法，是在煎的基础上发展而来的。由于"塌"法是在原料煎制后放入了少量汤汁，使菜肴比较滑润和入味，比起煎制的菜肴更浓厚一些，也更酥软柔嫩。

加工塌制菜品应选择细嫩易熟的原料。其成型规格一般是条、片等。成菜后需改刀装盘的条、片等规格可长宽一些，同时原料还可拍松改刀，利于挂糊塌制。大块的原料应加工成扁平形状。先用食盐、味精等进行基本调味，然后挂糊（也有个别的不挂糊），下温油锅两面煎黄，或下热油锅炸透，捞出控净油备用。锅内加油50克烧热，加入蒜片、葱、姜丝爆锅，并加少量清汤、食盐、料酒、醋、酱油等调味品，而后放入经煎或炸过的原料，用微火收稠汤汁，使主料达到酥烂柔软时，淋上香油，沥净汤汁改刀，平码在盘内，再浇上余汤即成。

还有一些塌菜运用多种调味品，使菜肴带有多种风味，如咖喱味、茄汁味、糖醋味、鱼香味、五香味、酱汁味、家常味等。

2.工艺流程

选料→加工→腌制→挂糊→煎制→加汤、调味→烧制→收汁→装盘。

3.操作要求

（1）为了使塌制菜肴能迅速成熟，具有酥软、醇厚的特色，应选用细嫩易熟的原料。

（2）原料粘粉不宜太厚，拖蛋液要均匀，并尽量多拖上一些，以增强菜品色、香、味、质感的效果，煎时要达到起酥的程度才能进行塌制。

（3）塌制菜肴是否勾芡，要以是收浓汤还是收干汤而定，而且掌握鲜汤的用量。

（4）将两道操作工序有机地组配在一起，如锅塌菜，煎时注意色泽淡黄，不能过老；调味所调的汤汁色泽则要和主料相吻合。

（5）要根据原料质地的不同，掌握不同的火候，确定不同的加热时间。易入味、易酥烂的原料加热的时间要短些，使之达到酥烂，又要保持一定的鲜嫩程度。如果是难以酥烂的原料，时间要长些，保证酥烂鲜嫩适宜。

（6）在操作过程中，一定要用文火（慢火），注意和"煒"区别开来。塌菜煨汤是将调味的汤汁慢慢滋润到主料中去的过程，切忌火猛。

（7）装盘要保持形态完整。

4.特点

色泽鲜亮金黄，形态扁平完整，质地软嫩，滋味鲜香，不油腻。

5.相关菜例

锅塌豆腐、锅塌里脊、锅塌鸡片、锅塌黄鱼、锅塌肉片等。

有诗云：

"扁平原料入味腌，挂上薄糊油锅煎；加汤调味烧收汁，色泽金黄整勺翻。"

▲ 锅塌豆腐

任务十二 蜜汁

▲ 蜜汁红薯

1.概念

蜜汁是以蒸汽或者水为导热体，将加工处理后的原料加入糖和蜂蜜等调味品，蒸制或烧、焖成菜的一种烹调方法。

一般有两种制法：一种是将糖先用少量油稍炒，然后加水（加些蜂蜜更好）调融，再将主料放入熬煮，至主料熟烂，糖汁收浓（起泡）即成。这一制法适用于易熟烂的原料，如白果、板栗等。另一种是将主料加糖或冰糖屑（加些蜂蜜更好）先行蒸熟，然后将糖汁熬浓（有的可加少许团粉勾成芡）浇在上面制成。这一制法适用于不易熟烂的原料，如“蜜汁火腿”。

根据蜜汁的味型，可分为：

(1) 清香细润的甜汁

这类甜汁必须用冰糖，汁多、不稠，具有清、甜、嫩、润的特色，一般称为冰糖甜汁。其稠汁方法十分细致，冰糖和水同时放入锅内，中火融化，也可以把冰糖和水放入大碗内，置于笼屉中蒸至融化，化开后撇去浮沫，滤除杂质，使甜汤澄清，入口软滑润嗓。

(2) 浓香肥糯的甜汁

这类甜汁汁少，黏稠、香甜、色泽透亮，一般用上等绵白糖调制。但调制方法，也分为两种：一种是锅内放少许油烧热后，加糖，用中等火力稍加煸炒，炒制糖色转黄（最多相当拔丝的炒糖火候），再加水熬融，改用小火熬制起泡、黏浓、变稠，即可浇在预制好的主料上，色呈淡黄，十分透亮。这种做法类似“熘”，有的地区叫作“糖熘”。另一种是把糖和水同时入锅，烧开，熬融，撇沫，加入主料同烧，至主料酥烂、甜汁变稠，取出主料盛入盘内，再将甜汁继续小火熬制浓稠（有的还要勾芡），浇在主料上。

2.方法及步骤

蜜汁菜所用的烹调方法主要有蒸、烧、焖等几种，在烹制的最后阶段，都有一个收稠糖汁的过程，一方面糖汁浓稠能使部分糖分渗入原料，或裹附在原料表面，起入味的作用；另一方面糖浆浓缩后会产生一定的光亮。酥烂软糯是蜜汁菜的共同特征。代表菜有蜜汁山药饼、蜜焖三鲜、蜜焖开心果。

蜜汁的调制先用糖和水熬成入口肥糯的稠甜汁，再和主料一同加热，由于原料的性质和成品的要求不同，加热的方式有以下几种。

烧、焖之法：将锅上火，放少许油烧热，放糖炒化，当糖溶液呈浅黄色时，按规定比例加入清水，烧开，放入经过加工的原料，再沸后改用中小火烧焖，至糖汁起泡黏性增大，呈稠浓状时，主料亦已入味成熟时即可出锅。

蒸制之法：将加工的原料与糖水一起放入容器内，入笼屉，用旺火烧至上汽后，改用中火较长时间加热，蒸至主料熟透酥烂下屉，将糖汁倒入锅内，主料翻扣盘中，再用旺火将锅内糖汁收至稠浓，浇在盘内主料上。

炖制之法：将糖和适量水放入锅内，烧至糖融化后，然后将预制酥烂的主料放入，再沸后改用小火慢炖，炖至糖汁稠浓，甜味渗入主料内部并裹匀主料时即可。

3.工艺流程

选料→加工→主料加水→糖（冰糖或蜂蜜）→加热（煮或蒸）→收汁→装盘。

4.操作要求

(1) 选料要以新鲜成熟、滋味鲜美、富有质感的原料为主，质地老韧、费时费火的原料，应先蒸熟后再进行蜜制，以免加热时间太长，造成糖汁变色变味；

(2) 加工时应去皮、核，防止变色；

(3) 原料切配以条、块和原料的自然形态为主；

(4) 质地鲜嫩的原料多用糖水烧煮之法，质地较老的原料多用蒸制之法；

(5) 糖汁的量要适当，掌握好糖汁浓稠度：水果类应稠，动物类应稀；

(6) 炖制的锅要刷干净，收汁时要防止粘底焦煳；

(7) 蒸制时需用中大火，汤汁勾芡不可太稠。

5.特点

光泽明亮，酥糯香甜，糖汁浓稠。

6.相关菜例

蜜汁银杏、蜜汁板栗、蜜汁莲子、蜜汁火腿、蜜汁红薯、蜜汁山楂糕等。

有诗云：

“新鲜原料去皮核，入锅加水糖加热；糖汁起泡料熟烂，少许勾芡菜光泽。”

▲ 蜜汁烧双拼

▲ 蜜汁茶香小排

项目3

ITEM THREE

以蒸汽为传热介质的烹调工艺

▲ 粉蒸肉

一、蒸的概念

“蒸”是我国最古老的传统烹调技法之一，也称汽蒸。它是将加工成型或体形较小的整型原料，以蒸汽为传热介质，加热制熟的一种烹调方法。它不仅用于烹制菜肴（蒸菜肴），还用于原料的初步加工和菜肴的保温回笼等。蒸制菜肴是将原料（生料或经初步加工的半制成品）装入盛器中，加好调味品，有时还加上汤汁或清水后上笼蒸制。蒸制菜肴的工具主要有蒸车、蒸箱、蒸笼、蒸锅等。

蒸法，起源于炎、黄时期。那时，随着陶器兴起，祖先就发明了陶甑。这种蒸具的发明，说明早在四五千年前，人们就已懂得用蒸汽作为导热媒介蒸制食物的科学道理，所以就有黄帝“蒸谷为饭”之说。北魏时期，农食典籍《齐民要术》里，曾记载有蒸鸡、蒸羊、蒸鱼等方法。宋朝以后，相继出现了裹蒸法、酒蒸法、蒸瓤法。明清以后，又有粉蒸法。

蒸在菜品的烹制中运用十分广泛，“蒸”的食物用料广泛，品种繁多。它要求刀工精细、注重调味、精于用火、风味各异、制作技法多变等一系列重要技术环节。“蒸”菜最显著的特点是：新鲜清爽，软烂滑嫩，口味鲜香，营养丰富，形态整齐美观。

蒸可以分为两种情况，一种是将原料直接蒸熟，属于正式烹调方法；另一种是将原料蒸制半熟或刚熟，只是一个加热过程，属于原料初步热处理方法。此处讲的蒸是烹调方法。

值得一提的是，“蒸”既可用于各种原料的初加工（如干货原料的蒸发等），也可用于半成品、成品原料的加工（如许多花色造型菜等）。它还常常配合其他烹调方法（如煮、汆、煎、炸等）对菜肴进行烹制，完成菜品的制作。因此要做好蒸菜，厨师不仅要掌握和运用“蒸”的烹调技法，而且必须具备一定的烹调实践经验和烹调专业理论知识。

无论是各种畜类、禽类、鱼类、蛙类等动物性原料，还是各种蔬菜类等植物性原料，皆可蒸制。就荤素来讲，有荤的，有素的，有荤素搭配的。就原料质地来说，有新鲜原料的，有干货和腊味制品的，无论是口感脆嫩，还是质地老韧都可用来蒸制。就其所用配料和成型来说，主要有清蒸、干蒸、粉蒸、滑蒸、包蒸、卷蒸、扣蒸、串蒸、糟蒸。就其蒸制盛装形式来说，有荷叶包的，有菜叶包的，还有不包和用小蒸笼盛蒸并连笼上席的，有用竹叶、竹筒盛蒸并连竹叶、竹筒上席的，还有用碗、钵盛蒸后反扣盘内上席的，有的还用竹扦子将几种不同原料间隔地穿成串上笼蒸熟后再盛盘上席的。原料有原形的，有上浆的，有沾米粉或沾玉米粉的，有湿拌米粉或玉米粉的。成菜有需要补充调味的，有不需要补充调味的，有先需煎、炸、煮、汆、熏、烤、卤、酱、炝、拌等，也有蒸后再需煎、炸等烹调的。就蒸制的刀工处理来说，如粉蒸的原料在刀工处理时，多数是要求加工成较大的块、条、段、厚片，一般都不宜切得过小、过薄（如薄片、丁、粒、米、末等）；也有个别原料不需要刀工处理的，如小土豆、小芋头以及整只的鹌鹑、鸽子、麻雀、鲫鱼等。

▲ 蒜茸粉丝蒸生耗

二、蒸的分类

蒸因技法、色泽、形状、配料、调味、火候、质地以及汤汁多寡等不同，故有多种蒸法，如清蒸、干蒸、粉蒸、滑蒸、连汤蒸（炖）、糟蒸、包蒸、酒蒸、煎蒸、炸蒸、扣蒸、芙蓉蒸、瓤蒸、串蒸、包裹蒸、豆豉蒸、腐乳蒸、腐皮包蒸、网油包蒸、蛋皮包蒸、排蒸、糖蒸等。

1.按蒸汽的压力可分为放汽蒸、原汽蒸、高压汽蒸。“放汽蒸”的温度在90℃，“原汽蒸”的温度在100℃～103℃，“高压汽蒸”的温度在120℃。

(1) 放汽蒸

花色菜大都是原料细碎，质地娇嫩，在烹调过程中极易被损坏，为此，大多数花色菜都采用“放汽蒸”法。所谓“放汽蒸”，就是蒸制的时候虽然加盖但不能盖严，留有一条缝隙，当笼屉内气量过足过猛时，部分蒸汽就会从缝隙中逸出散发，锅内气压与外界相近，减少了对菜品的冲击，避免破坏菜形。开始要用旺火把水烧开，冒大气后，随即转为中火或小火，以保持气温。若蒸汽过猛时，要揭一下笼盖，大放气后再盖。“放汽蒸”的主要目的：一是让原料受热发生变化，由生变熟，熟的程度大都为断生、刚熟，菜肴以鲜嫩为主；二是保护美观的菜形，无论加盖留缝或气足揭盖，都是围绕这一目的所采取的技术措施。选料范围是极嫩的茸泥、蛋奶类原料，刀工成型以茸泥状为主。

(2) 原汽蒸

对于质地老韧、要求酥烂的菜肴，采用“原汽蒸”，即采用不加压容器，如蒸笼、蒸箱，气压略高于外界，一般为1～1.01个大气压。在蒸制的时候用中火、沸水、足气，上笼加盖必须盖严，盖不严的，要用洁布围边塞紧以防跑气，在整个蒸制过程中不能掀盖，直至蒸熟。这种蒸法的关键是掌握好蒸制时间，如果蒸时过长，猛烈气体冲散了菜形，或使原料变形，水分过度流失，使菜肴质感发柴，口感发老，就会影响菜肴的质量。

选料范围是新鲜的动植物性原料；刀工成型是剞刀成花形或整型原料。

“原汽蒸”的蒸制时间，是根据原料质地和菜肴的质感要求确定的。原料老硬难熟、菜肴质感讲究酥烂的，可用较长时间，一般在1个小时以上。如蒸制时间在2个小时以上的，还要把火力减为中小火，既维持笼屉内足够压力，又防止蒸锅内的水分很快耗干。而对质嫩易熟、脂肪少、蛋白质丰富的鱼虾等，蒸制时间则要短，基本上按中火、足气、速成的规律，以确保这类菜肴的鲜嫩度。

▲ 清蒸笋壳鱼

根据蒸的形式又可分为直接汽蒸和隔水汽蒸两种，隔水汽蒸在行业中称“隔水炖”，其实称为炖是错误的，这种技法应该属于气导热的范围，还是称为“蒸”比较准确。

不论是“放汽蒸”或是“原汽蒸”，蒸锅内的水都不能放得太满，一般以八成满为宜。否则，水开翻腾大滚和冒起大泡，也会对菜形造成一定的损坏。

(3) 高压汽蒸

是将原料放入密闭容器中，利用高压蒸汽迅速将热量传递，使原料快速成熟的加工方法。此方法是一种加热的新方向，既节省时间，又节约能源。

高压蒸汽加热的时间控制，是依照原料的老嫩及品质要求的，由于加热迅速，即使老韧的原料，加热的时间最多也不会超过30分钟。

2.按技法可分为：清蒸，粉蒸，扣蒸，包蒸，糟蒸，花色蒸，果盅蒸等。

(1) 清蒸：是指单一原料单一口味（咸鲜味）直接调味蒸制，成品汤清、味鲜、质地嫩的方法。原料必须清洗干净，沥净血水。

(2) 粉蒸：是指加工、腌味的原料上浆后，沾上一层熟米粉蒸制成菜的方法。粉蒸的菜肴具有糯软香浓、味醇适口的特点。

(3) 包蒸：是将用不同的调味品腌制入味烹调原料，用网油叶、荷叶、竹叶、芭蕉叶等包裹后，放入器皿中，用蒸汽加热至熟的方法。此法既保持原料的原汁原味不受损失，又可增加包裹材料的风味。

(4) 糟蒸：是在蒸菜的调味品中加糟卤或糟油使成品菜有特殊的糟香味的蒸法。糟蒸菜肴的加热时间都不长，否则糟卤就会发酸。

(5) 上浆蒸：是鲜嫩原料用蛋清淀粉上浆后再蒸的方法。上浆可使原料汁液少受损失，同时增加滑嫩感。

(6) 果盅蒸：是将水果加工成盅，将原料初加工，放入果盅内，上笼蒸熟的方法。果盅选择多以西瓜、橙子、雪梨、木瓜、桔瓜为主，去掉原料果心。

(7) 扣蒸：就是将原料经过改刀处理按一定顺序放入碗中，上笼蒸熟的方法。蒸熟菜肴翻扣装盘，形体饱满，神形生动。

(8) 竹筒蒸：是指加工、腌味的原料上浆后，装入竹筒蒸制成菜的方法。菜肴具有糯软香浓、味醇适口的特点。

(9) 花色蒸：又称为酿蒸，是将加工成型的原料装入容器内，入屉上笼用中小火较短时间加热（根据不同性质的原料作相应调整），成熟后浇淋芡汁成菜的技法。这种技法是利用中小火势和柔缓蒸汽加热使菜肴不走样、不变形，保持原来美观的造型，是蒸法中最精细的一种。

3.按照火力的强弱及时间长短，可分为猛火蒸、中火蒸和慢火蒸三种。

蒸菜用料较为广泛，一般多选用质地老韧的动物性原料、涨发后的干货原料，以及质地细嫩柔软或精细加工后的茸泥原料，如鸡、鸭、牛肉、海参、鲍鱼、鱼、虾、蟹、豆腐和各种鱼虾原料茸泥等。质地脆嫩、色泽鲜艳的蔬菜原料，一般不采用直接蒸制，但是多数可以裹拌上澄粉、大豆粉、玉米粉、糯米粉，旺火速蒸（5分钟左右），跟上蘸料食用，味道极佳。如新鲜黄花菜、荠菜、空心菜等均可拿来蒸。

蒸类原料的形状，多以整只、厚片、大块、粗条为主。原料在蒸制前，必须要经过腌制或调味，有的原料则要经过过油、焯水等处理后，再蒸制成熟。

不同的原料制作蒸菜时，火力的强弱及时间长短都要有所区别。质地鲜嫩的原料，一般采用旺火沸水速蒸（8～15分钟），断生即可，如清蒸武昌鱼、豉油蒸扇贝。

原料形体大、质地老，成菜要求酥烂的，应采用旺火沸水长时间蒸。蒸制时间的长短根据原料质地老嫩而定（一般需要2～3小时），如荷叶粉蒸肉、蜜汁火方等。

原料质地较嫩，或经过较细致的加工，要求保持鲜嫩或塑就形态的就采用中、小火沸水缓蒸，如兰花鱼肚、芙蓉蛋膏、绣球鸽蛋等。

因为汽蒸的原料不外溢水分，原料中的水溶性物质流失甚少，所以营养成分就相对地得到了保持。

▲腊味蒸饭

三、蒸的操作关键

很多酒店都是用蒸车或蒸箱，经常是几种菜肴一起加热，操作时应注意：

1.选用新鲜的原料，事前调味。蒸制的原料一定要特别新鲜，如有异味，蒸制过程中无法散失，成熟后反而更加突出，对成菜质量影响很大。

2.蒸制的原料如果成品是形体不大或者是较易成熟的，调味后要马上蒸，防止调味品渗入后水分排出，成品质地变老。

3.蒸制的原料如果是质地老韧的要长时间蒸制，原料调味后要腌制一定时间，在蒸制前定色入味。

4.汤水少的菜肴应放在上面，汤水多的放在下面，这样拿取比较方便，不易造成烫伤事故。

5.色浅的菜肴应放在上面，深色的放在下面，这样放置的目的是上面菜肴的汤汁溢出时，不至于影响下面菜肴的颜色。

6.不易熟的菜肴应放在上面，易熟的放在下面。因为热气向上，上层蒸汽的热量高于下层。

▲蒸丸子

7.一定要在锅内水沸后再将原料入锅蒸。

8.一般只要求蒸熟不要蒸酥的菜，应使用旺火，在锅水沸滚时上笼速蒸，断生即可出笼，以保持鲜嫩。对某些经过细致加工的各种花色菜肴，则需用温火蒸制，以保持菜肴形式、色泽的整齐美观。菜肴原料在蒸制时，因蒸汽被密封，湿度达到饱和，原料内外的汁液不像其他加热方法那样大量挥发。原料在高热中成熟，但水分子碰撞不激烈，故汤汁清澈，味道在密闭环境下不易散失。因此，蒸类菜肴就具有滋润软滑、原形不动、原味不变的特点。

9.上火加热的时间一般比规定时间少2～3分钟，停火后不马上出锅，利用余温虚蒸一会儿。

四、蒸的作用

1.可以增加菜肴成熟的速度。凡是汽蒸原料，都是靠水沸腾后产生出来的气体传热，促进菜肴成熟的，水沸腾温度是100℃，而产生出来的气体温度则要比水高。气温高，自然要比以水为主要传热介质的烹调方法速度快些。究竟能快多少，主要看锅盖的严实程度，锅盖得越严，气压越大，温度越高，菜肴成熟的速度就越快。

2.可以保持原料（菜肴）的完整性。原料在汽蒸过程中，完全靠对流作用促进原料（菜肴）成熟。这样，蒸屉中的水分与原料内部所含水分基本处于饱和状态，由于原料内部水分不外流，其形状就不易产生变化。另外，汽蒸的原料大多不直接接触锅边，根本不存在烧煳、烧焦的现象，进而保持了原料的完整性，如“清蒸鸡”“清蒸鱼”等。

3.可以保持原料（菜肴）中的营养成分。因为汽蒸的原料不外溢水分，原料中的水溶性物质损失甚少，所以营养成分就相对地得到了保持。

4.可以保持原料（菜肴）的原汁原味。由于汽蒸原料多是放于盛器中，而盛器中又添加水和调味品。在盛器中的水分靠气体传热而升温，与盛器中的原料相互融和，基本没有与锅中的水和气体相混淆的机会，蒸菜原料内外的汁液不像其他加热方式那样大量挥发，鲜味物质保留在菜肴中营养成分不受破坏，香气不流失，这样，原料（菜肴）的原汁原味就得到了相对地保持。

5.加热过程中水分充足，湿度达到饱和，成熟后的原料质地细嫩，口感软滑。蒸类菜肴的选料，用料广泛，大多是体积大、韧性强、组织结构紧密的原料，以及质地细嫩柔滑或精细加工后的茸泥原料，涨发后的干货原料，如鸡、鸭、牛肉、海参、鲍鱼、鱼、虾、蟹、豆腐和各种鱼虾原料茸泥等。原料的形状多以整只、厚片、大块、粗条为主。

6.促使原料初步成熟或直接使原料成熟成菜。“蒸”，是很多烹调技法初步熟处理的必要过程。有许多原料在正式烹调前，需要进行初步热处理，而往往需用蒸的方法。如在炒回锅肉前可先蒸后再改刀、热炒成菜。菜肴原料根据需要进行刀工、调味、成型、腌渍、着芡、包裹、蒸制至成熟或酥脆或鲜嫩、变色时出笼即成菜。如“香菇蒸滑鸡”“腊味合蒸”“双蒸绉纱馄饨”“香肠蒸鸭”等。

（一）清蒸

1.概念

清蒸是指单一原料单一口味（咸鲜味）直接调味蒸制，成品汤清、味鲜、质地嫩的方法。原料必须清洗干净，沥净血水。

清蒸的方法主要有：

蒸后浇芡法：是指原料精加工并调味后蒸熟，再浇淋清芡而成菜的方法。

蒸后浇汁法：是指原料一般不调味，只配葱叶、姜片等蒸熟后，再浇淋无粉芡的红汁而成菜的方法。

调味干蒸法：是指加工的原料加精盐等无色调味品腌制后蒸制成菜的方法。

●● 有诗云：

“必须选择活鲜料，主料蒸前开水焯；
掌握时间不可老，调味简单原味好。”

▲清蒸蟹

清汤蒸制法（上汤蒸）：是指原料经水氽透后，再加清汤和精盐等无色调味品蒸制成菜的方法。

2.工艺流程

选料→切配→腌制→蒸制→出锅。

3.操作要求

(1) 必须选择新鲜原料，保证菜肴质量。

(2) 主料蒸制前可先用开水焯烫一下，去除腥异味。

(3) 正确掌握火候，蒸制海鲜品（如鱼、虾等）、虾胶或鱼胶等酿制菜肴，都需用猛火蒸制，这样可以使原料色鲜肉滑，虾胶挺实而富有弹性。如蒸蛋类菜肴，则需用小火，因蛋白质60°C～70°C开始凝固变性，即由液状变为乳凝状；如火力过猛，就会变成海绵状，俗称“起蜂窝”。

(4) 控制好蒸制时间，不要蒸制过老或不熟。

(5) 合理调味，可蒸制前调味，也可蒸制后调味。

(6) 装盘要美观。

4.特点

鲜嫩清爽，原汁原味，味道清鲜。

5.相关菜例

清蒸武昌鱼、清蒸鲥鱼、清蒸大闸蟹、清蒸鲳鱼、清蒸乳鸽等。

▲ 粉蒸排骨

▲ 粉蒸排骨

（二）粉蒸

1.概念

粉蒸，是指加工、腌味的原料上浆或不上浆后，沾上一层熟米粉蒸制成菜的方法。粉蒸的菜肴具有糯软香浓，味醇适口的特点。

粉蒸技法之所以能有这样良好的烹调效果，关键是配料米粉起了重大作用。它与脂肪丰富的肉类原料配合蒸制减轻了油腻，既保持了肉质鲜香不腻，又增加了味的融合，使淡而无味的米粉也变为美味，故有“米粉蒸肉，粉比肉香”之说。但如果用脂肪较少的牛羊肉、猪排骨以及鱼虾等，则要在味汁中适当加些植物油，以弥补主料脂肪的不足，防止菜肴发干，保证油润适口。如果与含水量大的蔬菜类原料配合蒸制，米粉会吸收蔬菜受热溢出的水分，从而保持了蔬菜固有的清、鲜、香，也增加了菜肴的糍糯性，使蔬菜更加可口。但是在米粉与蔬菜配合时，最好在调味汁中再拌和一些熬化的熟猪油，则香气更浓，效果更好。米粉虽然是一种配料，却在菜肴的滋味上发挥了融合、互补、陪衬和突出主料本味的作用，但又宾不压主，主客分明，且融合无间，相得益彰。从这个意义上讲，粉蒸是一个主辅料完美结合的典型，特别是“米粉肉”最为典型。它色香味俱佳，爽口不腻嘴。米粉菜的质量与米的品种有密切的关系。在众多米的品种中，籼米最好用，它黏性适度，吸收性和膨胀性都较好。加工时须经过小火焙炒至色泽微黄、发出香味后（有的加些花椒、大料等香料同炒，炒成五香米粉），再研成碎粒的粉状（不能研成末状的细粉）。用这种米粉与主料合蒸特别疏松适口。除籼米外，其他米都不合适。如果单用黏性大的糯米粉，菜肴黏稠软塌，口感像糨糊无法入口，但可以用一定比例的糯米和籼米混合使用。如果用小米粉、玉米粉，则口感大为逊色；而淀粉、面粉更无法使用。

炒米粉的制作方法：将大米用小火煸炒，米粒发黄，再加入花椒、大茴香炒出香味，将米粉磨成粗粉。粉蒸的调味品一般有酱油、香油、豆瓣酱（也可不加）、料酒（白酒）、白糖、葱姜，但是南方地区还加入红方豆腐卤（卤汁），原料均匀地拌上调味品后，再黏附上炒香的米粉。代表菜有小笼粉蒸牛肉、粉蒸排骨等。

▲ 粉蒸南瓜排骨

有诗云：

“原料改片酱料腌，米粉沾匀荷叶垫；摆匀上笼大汽蒸，肥而不腻粉饱满。”

2.工艺流程

选料→切配→腌制→拌米粉→蒸制→装盘。

3.操作要求

(1) 原料宜用荤料，如牛肉、猪肉、排骨、鸡、鸭等，切制的形状宜小块、厚片，要大小厚薄一致。

(2) 原料必须切后腌味和上浆，腌制时间不可太长，掌握好咸度；上浆不仅能保持原料蒸后的鲜嫩，也起到粘连米粉的作用。

(3) 原料有片状和块状两类。片状多为鲜嫩无骨的，蒸制时以旺火沸水快速蒸成，块状料一般要蒸酥。

(4) 蒸制火候适当，蒸制时间正确。粉蒸火候主要是旺火、沸水、足气，要根据原料质地老嫩，控制好蒸制的时间。

(5) 米粉量比例适当，一般来说，米粉占主料比例的10%～20%为好，即主料500g加米粉50～100g。

(6) 调味品中所加汤水适当，主要是要求干稀适度，不能过稠或过稀，以既能润滑主料，又不流出卤汁为准。蒸后应以不发干、不太散、糍糯润口为好。

(7) 米粉、主料和味汁搅拌要匀，以每块（片、条）主料都能均匀沾上米粉粒为准；搅拌后的腌渍时间，大块原料要长一些，小的原料可短一些，一般以1～2小时为好。

(8) 装入容器蒸制时，不能压得太紧、太厚，尽可能松一些，否则影响原料均匀受热，出现生熟不一的情况，或食时口感较硬。宴席上的粉蒸菜强调美观，最好是在主料沾好米粉后，再一块一片地码入容器内蒸制。

(9) 自己炒制米粉，要小火炒，不要炒煳；研磨得不要过细，手摸上去有点粗糙感最好，粉质不能过于细腻。

4.特点

糯软香浓，味醇适口。

5.相关菜例

荷叶粉蒸肉、粉蒸鳝鱼、粉蒸排骨、粉蒸羊肉、米粉鱼块等。

（三）包蒸

1.概念

包蒸是将不同的调味品腌制入味烹调原料，用网油叶、荷叶、竹叶、芭蕉叶等包裹后，放入器皿中，用蒸汽加热至熟的方法。此法既可保持原料的原汁原味不受损失，又可增加包裹材料的风味。

2.工艺流程

选料→切配→腌制→包制→蒸制→出锅。

3.操作要求

(1) 必须选择新鲜原料，多用动物性原料，加工成片、条、块等；

(2) 原料需腌制入味，使原料本味保持不易流失；

(3) 主料蒸制前可先用开水焯烫一下，去除腥异味；

(4) 控制好蒸制时间，不要蒸制过老或不熟；

(5) 原料要包裹严实，不要让汤汁流出；

(6) 原料多用荷叶、棕叶等清香鲜叶包蒸，使原料充分吸收包裹材料的清香之味。

4.特点

鲜嫩清爽，原汁原味，味道清鲜。

5.相关菜例

包蒸排骨、荷香蒸甲鱼、荷叶蒸鸡、网油蒸鳜鱼、包蒸乳鸽等。

▲ 荷香蒸甲鱼

▲ 荷叶糯米鸡

（四）糟蒸

1.概念

糟蒸是在蒸菜的调味品中加糟卤或糟油使成品菜有特殊的糟香味的蒸法。糟蒸菜肴的加热时间都不长，否则糟卤就会发酸。

原料在腌制时加入适量的糟油或糟卤，目的是去腥增香。原料蒸好后，汤汁可以加入糟油或糟卤，勾芡，浇淋在原料上，即成菜。

2.工艺流程

选料→切配→腌制→蒸制→出锅。

3.操作要求

(1) 必须选择新鲜原料，保证菜肴质量；

(2) 原料刀工处理要大小一致；

(3) 控制好蒸制时间，不要蒸制过老或不熟；

(4) 合理调味，糟卤或糟汁不可放置太多，有糟香味即可；

(5) 装盘要美观。

4.特点

鲜嫩清爽，原汁原味，糟香味浓。

5.相关菜例

糟蒸鲳鱼、糟蒸三黎鱼、糟蒸肉、糟蒸火腿、糟蒸鲥鱼等。

▲ 糟蒸三黎鱼

▲ 扣肉

Steamed meat

TASK 1

（五）扣蒸

1.概念

扣蒸就是将原料经过改刀处理按一定顺序放入碗中，上笼蒸熟的方法。蒸熟菜肴翻扣装盘，形体饱满，神形生动。

2.工艺流程

选料→切配→扣碗→加汤（调味）→蒸制→出笼→滗汤→调味→（勾芡）→浇汁→成品。

3.操作要求

(1) 原料多加工成片或丝状，大小厚薄、粗细要均匀；荤类菜肴原料有猪肉（五花肉）、鸡肉、牛舌等，可改刀成块、片、条、粒等形状。以甜味菜肴为主原料有糯米、黑米、蜜枣、果脯、银杏、莲子、豆沙等。

(2) 摆放碗中要整齐、美观；对整块肉、禽、鱼扣蒸造型，应皮面在上，对碎小菜肴选型则需精料在上，辅料在下，突出主题。

(3) 蒸汽加热过程不利原料上色，对于色泽红亮菜肴需要先加有色调味品腌制或烧制上色或过油上色，并调好口味后放入碗中，再上笼蒸制酥烂，如“虎皮扣肉”“葱酥仔鸡”。

(4) 控制好蒸制时间，不要蒸制过老或不熟。

(5) 扣蒸菜肴色泽有白色和红色，白色菜肴多数要经过焯水处理，红色菜肴一般要经过上色、过油处理。

(6) 扣蒸菜肴分为有汤汁和无汤汁，有汤汁菜肴蒸熟后，汤汁入锅要进行勾芡处理，汤汁勾芡后浇在菜肴上，动作要轻要准，防止菜肴破损或零乱。无汤汁扣蒸菜肴，蒸熟后翻扣盘中，即可食用。

(7) 装盘要轻，不要失去原形。

4.特点

鲜嫩清爽，原汁原味，味道清鲜。

5.相关菜例

扣三丝、扣方肉、扣蒸乳鸽、扣蒸鸭子等。

（六）酿蒸

1.概念

酿蒸也叫花色蒸，是将加工成型的原料装入容器内，入屉上笼，用中小火较短时间加热（根据不同性质的原料作相应调整）成熟后，浇淋芡汁成菜的技法。这种技法是利用中小火势和柔缓蒸汽加热，使菜肴不走样、不变形，保持原来美观的造型，是蒸法中最精细的一种。说它精细是因为制作时须将所用主料的一部分，先加工成茸泥、小丁、小片、小块、小粒等，再用多种手法进行造型，成为花色菜的菜坯，此为其一。其二，在蒸制过程中，要在调节火候和具体操作的各个环节上，采取多种技术措施，以保证原料在成熟后菜形不散不乱，并要显得更加丰满和艳丽。花色菜最主要的特色就是绚丽多彩的形态、清香醇正的滋味、鲜嫩柔软的质感，一直被认为是蒸菜中的佼佼者。高档宴席上的花色菜肴，大都采用这种技法来完成，代表名菜有兰花鸽蛋、莲蓬豆腐等。

酿蒸的造型是这种技法的一大关键。其造型方法有多种，如填瓤法、托泥法、叠摞法、排摆法、镶嵌法、包卷法等。

“填瓤法”是先把部分原料加工成茸泥碎料，调制成“馅心”，再将作为“瓤壳”的原料进行出骨、去瓤等加工处理。如以鸡鸭类作为瓤壳的，都要做整料出骨的处理，即把鸡鸭身上的骨头全部剔出，但仍然保持鸡、鸭原形，还不能损坏外皮；如用鱼类作瓤壳的，则要清除鱼的内脏；如用冬瓜、西瓜、西红柿和青椒等作为瓤壳的，都要剜出其中的瓤和籽等。“瓤壳”加工好以后，就分别把调制的馅料填进“瓤壳”，即成“八宝鸡”“冬瓜盅”“瓤西红柿”等花色菜坯。

“镶嵌法”是将原料加工成长方片状，或加工为凹形等，然后分别将馅料镶嵌入原料凹下的部位，或放在长方片原料的表面上，铺匀抹平，成为带有馅料的花色菜坯。

“直接造型法”是用调制好的馅料和加工好的小型料，通过叠、堆、排、摆、捏、搓等手法，直接做成各式各样的图案花形。多用在一些高档的花色菜上，都具有较高的艺术观赏价值。

2.工艺流程

选料→切配→初步调味→装入容器→蒸制→用汤调味→勾芡→浇汁→装盘。

3.操作要求

(1) 必须选择新鲜原料，保证菜肴质量；

(2) 主料多做成茸状，便于装入容器；

(3) 控制好蒸制时间，不要蒸制过老或不熟；

(4) 合理调味，芡汁不可太浓，薄芡；

(5) 取出时，不要破坏造型，装盘要美观。

4.特点

鲜嫩清爽，原汁原味，味道清鲜。

5.相关菜例

荷花鱼、酿蒸八宝饭、莲蓬豆腐、鸽蛋圆子等。

▲酿蒸八宝饭

（七）汽锅蒸

1.概念

汽锅蒸以炊具命名，将原料放入汽锅中加热成菜的技法。

2.工艺流程

选料→切配→腌制→蒸制→出锅。

3.操作要求

⑴ 必须选择新鲜原料，保证菜肴质量；

⑵ 主料蒸制前可先用开水焯烫一下，去除腥异味；

⑶ 控制好蒸制时间，不要蒸制过老或不熟；

⑷ 汽锅中不要加水，可适当加入葱姜等调味品。

4.特点

鲜嫩清爽，原汁原味，味道清鲜。

5.相关菜例

汽锅鸡、汽锅乳鸽、汽锅鸭子、汽锅排骨、汽锅牛肉等。

TASK 1

▲ 汽锅鸡

▲南瓜蒸饭

（八）果盅蒸

1.概念

果盅蒸是将水果加工成盅，将原料初加工，放入果盅内，上笼蒸熟的方法。果盅选择多以西瓜、橙子、雪梨、木瓜、橘子为主，去掉原料果心。如果皮肉较厚，可在表面刻出花纹。蒸出后效果很美观，而且原料与果盅的香味融合，口感香甜。

盅内原料多采用雪蛤、鸡肉、鱼翅、燕窝、猪肉等原料。例如西瓜去瓤，可放入加工成熟的去骨整鸡，加汤蒸15分钟，制作成“西瓜鸡”；雪梨去皮去心，挖成梨盅，可放入冰糖雪蛤，蒸10分钟制成“雪梨蛤士蟆”；“橙香粉蒸肉”是将橙子去瓤，塞入粉蒸肉，蒸熟，粉蒸肉香味浓郁，还带有香橙的味道。

2.工艺流程

选料→加工→水果洗净→去心整理→装入原料→蒸制→成品。

3.操作要求

(1) 必须选择新鲜原料，保证菜肴质量；

(2) 装入果盅量要适当；

(3) 控制好蒸制时间，不要蒸制过老或不熟；

(4) 合理调味，可蒸制前调味，也可蒸制后调味；

(5) 装盘要美观。

4.特点

鲜嫩清爽，果香味浓，形状美观。

5.相关菜例

金瓜八宝饭、酿蒸苹果、果盅雪梨、果盅哈什蚂等。

▲冰糖雪梨

项目4 ITEM FOUR

以热空气为传热介质的烹调工艺

▲北京烤鸭

Heat transfer hot air

烤是将加工处理好或腌渍入味的原料置于烤具内，用明火、暗火等产生的热辐射进行加热将原料烹制成熟的一种技法。

烤是最古老的烹饪方法，自从人类发明了火，知道吃熟的食物时，最先使用的方法就是野火烤食。演变到现在，烤法已有了重大的变化，除烤具、操作方法发生了变化以外，更重要的是使用了调味品和调味方法，使烤制菜肴丰富了品种，改善了口味。

目前烤法的名称各地有很大的差异，大体有烤、烧、烘、烧烤等几个名称。北方地区流行叫“烤”，南方地区通常叫“烧”，即所谓“南烧北烤”。广东地区则叫“焗”。

原料经烘烤后，表层水分散发，使原料产生松脆的表面和焦香的滋味。

一、挂火烤

1.概念

挂火烤也叫明炉烤，明炉烤又称明烤、叉烧烤，就是将加工处理好的原料吊挂在大型烤炉中，利用燃烧明火产生的辐射热，把原料加热成菜的技法。挂炉烤制的成品色泽枣红、外皮松脆、香味浓郁。被誉为“国菜”的北京烤鸭，它所用的砖砌大型烤炉，在放入原料之前，先要把炉烧热，产生高温气体，同时不熄灭明火，通过明火和炉壁同时产生的辐射热把烤鸭烤熟。在烤的时候，原料钩挂在炉内上部蓄热之处，不直接接触明火而经受高温气体的加热，所以称为“挂炉烤”。

明炉烤有三种：第一种是在炉的上面架有铁架，多用于烤制乳猪、全羊等大型主料；第二种是在炉面放铁炙子，北京烤肉就是用这种炉子；第三种是用铁叉叉好原料在明炉上翻烤。明炉多用木炭做燃料。许多地方的风味菜多采用明炉烤法。如四川烤酥方、叉烧鸡；广东烤乳猪；清真菜烤全羊等。

明炉烤的特点是设备简单，虽然火的大小很容易掌握，但是火力分散很难平均通过材料，故烤的时间较长。可是烤小型扁平材料时，却比暗炉烤效果好。

通常是用广口或火盆，上面架铁网，将要烤的材料用烧叉刺入或放在烤盘上，再将其放在铁架上，一面翻转一面烤即可。

2.工艺流程

选料→加工整理→抹糖浆→晾干→烤制→装盘。

3.操作要求

(1) 烤制时火力不宜过高；

(2) 合理调控烤制时间和温度；

(3) 烤制时不断转动原料；

(4) 装盘要注意刀法，整齐美观；

(5) 提前备好蘸料；

(6) 要趁热上桌，不可久置。

4.特点

色泽枣红，外皮松脆，肉质鲜嫩，香气浓郁。

5.相关菜例

挂炉烤鸭、挂炉烤鸡、挂炉烤羊腿等。

▲热菜烹调

二、焖炉烤

1.概念

焖炉烤也叫暗火烤，将加工处理好的原料，置于焖烤炉内，用炉壁产生的辐射将原料烤制成菜的技法。

焖烤的烤炉多种多样，大体上可分为以下几种：一是大型砖砌立体炉，它与挂炉的烤炉形式、大小基本相同，只是焖炉必须安装炉门，在烤制时加以封闭；二是铁制的桶炉或陶制的缸炉，炉底放燃料，原料装入烤盘，又有铁板隔离，不与火直接接触，是间接受热，烤时也要密封炉门。但由于这种炉灶有地火，并可以用加火、撤火和铁板隔离等方法调节火候，只适用于烤制带汁的原料和用网夹烤的原料。此外，还有烤箱、微波炉等。

2.工艺流程

选料→加工→腌制→抹糖浆→晾干→烤制→装盘。

3.操作要求

(1) 合理调控加热时间和温度，确保菜品质量；

(2) 烤制过程中，勤翻动原料；

(3) 注意观察原料表面颜色的变化，防止烤焦；

(4) 装盘要整齐美观；

(5) 要趁热上桌，不可久置。

4.特点

外焦里嫩，香气浓郁，肉质适中。

5.相关菜例

焖炉烤鸭、焖炉烤羊肉、焖炉烤鸡、焖炉烤方肋等。

三、烤盘烤

1.概念

烤盘烤又称为“西法烤”，是将加工好的原料装入烤盘内，再放入蓄热炉内，用高温气体进行密封加热成菜的技法。成菜一般要在较高炉温条件下进行，烤制时间较短，特别是细碎小料或预制的半成品等，时间更不能长，基本上属于刚性火候致熟的技法。“刚性火候”是相对“柔性火候”而言的，是一种短时高温的烤法。制品大多是色泽金黄或深黄，表层以下则是汁浓软嫩，别具风味。

2.工艺流程

选料→切配→腌制或预制熟料→入盘烤制→成品。

3.操作要求

(1) 选用新鲜易熟的原料;

(2) 控制好烤制的温度,防止烤焦;

(3) 注意烤制的时间,保持菜肴内部鲜嫩;

(4) 要趁热上桌,不可久置。

4.特点

外香里嫩,色泽金黄,别具风味。

5.相关菜例

烤豆腐、烤鲳鱼、烤肥肠、烤仔排等。

四、叉烤

1.概念

叉烧是将腌渍喂味的原料或抹了糖浆的原料用叉子叉住,或用其他方法固定在叉子上,在明火炉具上不断翻动叉子,调整原料与火的远近距离进行加热成菜的技法,这是明火烤的代表。它能自由调整原料与火的远近距离以调节加热温度,因而烤制品的色泽、质感等均可与挂炉烤、焖炉烤相似。其中以广东菜系的"烤乳猪"风味特点更为独特,所以与北京烤鸭一起被誉为"双烤国菜"。此外,江苏菜系的叉烤鸭、烤酥方等,也是享誉国内外的名品。

2.工艺流程

选料→腌渍→抹糖浆→晾干→上叉→明火烤制→成品。

3.操作要求

(1) 选用新鲜易熟的原料;

(2) 控制好烤制的温度,防止烤焦;

(3) 注意烤制的时间,保持菜肴内部鲜嫩;

(4) 要趁热上桌,不可久置。

4.特点

色泽金黄,外酥里嫩,香气浓郁。

5.相关菜例

烤乳猪、叉烤鸭、叉烤方肋等。

▲ 烤乳猪

五、串烤

1.概念

串烤是将加工成块、片的小型原料经过腌渍（也可不腌）分别穿在细长的扦子上，在明火上转动，用短时间加热烤制成熟的方法。

串烤是烤法中较简便的一种，所用的炉具是长方形无盖的，炉体较长，宽度较窄，以能摆放扦子并能在炉上左右转动为宜，通常叫它为“火槽”。因要放在炉具上烤，不能调整原料与火的距离，因而要不停地转动，使原料均匀受热。一般烤3～5分钟就出现焦香味，并保持原料的鲜味和水分。快成熟时撒上调味品即可食用。

▲ 烤串

▲ 网油烤羊肝

2.工艺流程

选料→加工切配→穿入扦子→旺火烤制→撒调味品→装盘。

3.操作要求

(1) 原料加工要大小适宜、均匀；

(2) 串插原料的数量要一致；

(3) 要掌握好调味时机；

(4) 烤制过程中，要勤翻动原料。

4.特点

鲜香味浓，肉质鲜嫩，口味丰富。

5.相关菜例

烤羊肉串、串烤火鸡片、串烤鱿鱼、串烤鸡翅、串烤豆腐等。

六、网油烤

1.概念

网油烤是将加工好的原料用网油包好，用铁网夹住，手持夹网柄，明火上翻烤或放入烤炉内用暗火烤至成熟的技法。

夹网烤使用的工具网夹，是用铁丝网编织成的，上面有很多孔眼，形成纵横相交的网络，网夹分为上下两面，既可分开也可合起来，为了取得网夹烤的预期效果，要求敞口火炉内的燃料在点燃后，必须烧至无烟无火苗，但又保持稳定的火势和适当的火力，以求得烤制的最佳温度，从而形成网油夹烤制品色泽金黄、表面酥香、内滑鲜嫩、滋润适口的特色。

2.工艺流程

选料→切配→腌制→夹在网夹中→烤制→装盘。

3.操作要求

(1) 要选用质地鲜嫩细腻的原料；

(2) 网油包制时要包紧；

(3) 烤制时，火力不可过大。

4.特点

肉质鲜嫩，香味浓郁，色泽明亮。

5.相关菜例

网油烤鱼、网油烤羊肝、网油烤鸡胗等。

以固体为传热介质的烹调工艺

▲铁板牛排

固体烹法是指通过盐或沙粒等具有一定体积、形状、质地较坚硬的无毒固体物质，将热能以热传导的方式传递给烹饪原料。其菜肴主要成熟过程是以固体物质作为传热介质的烹调方法。这些物质主要是盐、沙粒、黄泥与铁、铜等金属物体。其典型的方法有盐焗、沙炒、泥煨、铁板烧等。

固体烹法的制品特点：原汁原味、质感软嫩、本味浓郁。

固体烹法的种类：物料焗、炉焗、盐焗、铁板烹、石烹等。

固体烹法的操作要领：宜选用鲜活的原料，原料在焗制前一般需要腌味，并静置一段时间，使之入味。原料形状较大的，如整鸡、乳鸽、排骨等，焗制时间要长些；水分含量较高的、体小的原料，如龙虾、蟹等焗制时间要短些，加热时以小火为宜。

固体烹法是烹饪行业中运用较少的一类方法，但其具有独特性，每一种固体烹法技术性又较强，所以学习时要抓住每一类的技法特点，并了解其原理所在，更好地烹制与创制菜肴。

任务一 盐焗

▲ 盐焗鸡

焗法也是古老的烹饪方法之一，现在焗法一般是用腌渍入味的动物性原料，利用烤箱、陶罐加盖等封闭式加热方式，使其成菜的一种烹调方法。传说古代沿海一带的广东盐民，将打捞的鱼虾等，用隔物包裹起来，埋在煮成的热盐中使其成熟，这可能就是盐焗法的最初烹调形式。

焗是以汤汁与蒸汽、盐或热的气体为导热媒介，将经腌制的物料或半成品加热至熟而成菜的烹调方法。焗原是西餐中一种常见的烹调方法，从西式菜肴和点心名称上就可以看出。如奶油鸡司焗蛋、生焗出骨鳕鱼、意式焗鸡面等。焗这种烹调方法便是中外烹饪文化交流的结果。厨师们将之“拿来”后结合本地实际，不断实践总结，不断创新和发展这种技法，使焗成为有别于西餐焗的一种完善的烹调方法。

Salt baked

TASK 1

焗法中，一般来说动物性原料的形状以整形为多，整形原料利于造型及食用方便，应做到刀起料断，干脆利落，无连刀现象。烹调后再改成小件，配味料或原汤汁上菜，为了原料易于成熟、色泽漂亮、造型美观，原料要经初步熟处理，或蒸或煮或过油。焗法因焗器不同，可以分为锅焗、瓦罐焗等。因传热介质不同，有盐焗、汤焗、汽焗、水焗等形式；因调味不同可分为酒焗、油焗、蚝油焗、果汁焗、柠檬焗等。

1.概念

盐焗也叫盐烙、盐煨，是指将生料或半熟的原料经过腌制或是酿制、调味后，用砂纸包裹，埋入灼热的粗盐中焗制至熟的烹调方法。由于盐焗菜肴保持原味，具有外香脆、里嫩滑的特点，成为潮菜的特殊风味菜。

2.工艺流程

选料→加工→腌制→包制→放入炒热的粗盐中→成品。

3.操作要求

(1) 选用易于成熟的原料或小型原料；

(2) 在焗制之前，要用调味品腌制；

(3) 要事先将粗盐炒热，要把原料全部埋入盐中；

(4) 要注意焗的时间，时间太短，原料不熟。

4.特点

原汁原味，浓香厚味，外香脆、里嫩滑。

5.相关菜例

盐焗鸡、盐焗鸡翅、盐焗乳鸽等。

●● 有诗云：

“砂锅烤炉与盐焗，食物入锅保热气。三种导热为媒介，味料汤汁焗菜里。”

▲ 盐焗秋刀鱼

▲ 盐焗皮皮虾

任务二 石烹

▲ 石烤馍

▲ 石锅红烧海参

“石烹”是我国古代的一种原始的烹饪方法，其历史可追溯到旧石器时代。它是利用石板、石块（鹅卵石）作炊具，间接利用火的热能烹制食物的烹饪方法。一种是外加热，将石头堆起来烧至炽热后扒开，将食物埋入，包严，利用向内的热辐射使原料成熟；另一种是内加热，将石头烧红后，填入食品（如牛羊内脏）中，使之受热成熟；另外还有一种是烧石煮法，取天然石坑或地面挖坑，也可用树洞之类的容器，内装水并下原料，然后投入烧红的石块，使水沸腾煮熟食物。

利用石烹的方法至今仍在一些地区流行，形成独特的石烹饮食文化。在我国拉萨市东南部的门巴族到今天还习惯在烧红的薄石板上烙荞麦或烙肉。西双版纳地区的布朗族，在野外劳动，不用带锅灶，做饭时临时在沙滩上挖一个坑，在坑内铺上数层芭蕉叶，然后倒进清水，把从河里捕来的鲜鱼放入水中，燃起篝火，把烧红的鹅卵石投入芭蕉叶内，熟制原料。

“石烹法”即把食物原材料放置在加热至滚烫通红的小石块之上，利用石块的高温烹饪食物；或把烧红的石块投入有食物的水中，一直到水沸，食物煮熟为止。

近年来，“桑拿系列菜”在广州地区及珠江三角洲一带风行，其奇妙的制法和独特的风味吸引了众多食客，也迅速蔓延到全国各地。

此菜烹制是在客人面前即席表演的，看着原材料在几十秒时间内就完成由生变熟的全过程，吃起来原汁原味且口感特别鲜爽嫩滑。

1.概念

石烹是指原料经滑油后，投入烧至灼热的石子（多是雨花石）或石锅上，再倒入调好的汁酱或汤水，利用蒸汽将食物至熟或喷出香气的烹调方法。也称为“桑拿菜”。

2.工艺流程

选料→加工→（上浆）→滑油→烧热石子→原料放入石子上→倒入调味汁→成品。

3.操作要求

(1) 选用易于成熟的原料或小型原料；

(2) 石子要事先烧热或用油焐热；

(3) 盛石子的容器最好选用铁器；

(4) 原料倒入时，速度要快。

4.特点

肉质鲜嫩，浓香厚味，风味独特。

5.相关菜例

桑拿腰片、桑拿虾、卵石泥鳅、桑拿牛蛙、卵石鳊鱼、石烤馍、石锅田螺等。

▲ 铁板鱿鱼

任务三 铁板

铁板烹原是西式烹调方法，即指食物“走油”后，连同以洋葱为主的香料料头和酱汁，放在烧至极热的铁板上致熟并使食物喷香的烹调方法。

后来这种美食文化传到中国，经过十多年的发展和改良，衍生出一种具有中式和法式相结合的新饮食方法，人在进餐的同时能够欣赏到厨师厨艺的餐饮形式。

铁板烹法制作的菜肴又称“个性餐饮”，行话称之为“席前料理”，是目前国内最时尚的餐饮方式之一。合适的铁板厚度分布以及配合燃烧器，调出肉类烹调的最佳温度，烧出的食品味道鲜美、风味独特。铁板烧经特殊热处理，不翘曲变形，板面明亮如镜，受热均匀，使用卫生方便，易于清洁。现代化的餐饮设备，无烟的烧烤环境，轻松之间享受到美食带来的乐趣。铁板菜肴，因其独特的风味、香浓、热烫、增加气氛的特点，受到广大食客的青睐。

1.概念

“铁板烧”是用铁板烹制的菜肴，是一种较为特殊的烹制方法。它是将原料加工成型，经预备烹制（油滑、水煮、油爆、油炸）后，放入事先加热的小铁板中，然后将调好味的汤汁浇入的一种技法。当汤汁遇到滚烫的铁板，发出“嗞嗞”的响声并伴着滚冒的气雾，香气四溢，菜品热汽蒸腾，颇具特色。

铁板菜式来源于西餐，在20世纪80年代引入我国的广东、上海等沿海地区，其中，铁板牛柳是当时西式铁板菜的典范。但不久后铁板菜就为粤菜所兼收并蓄、西味中调，粤菜厨师将中式烹调技法和饮食习惯融入铁板菜中，开发并形成了一批具有本地特色的铁板菜。此后，铁板菜又不断被推广，与各地菜系相融合，其品种层出不穷，其形式不断翻新，一度风行全国。

2.工艺流程

选料→加工→上浆→滑油→烧热铁板→原料放在铁板上→倒入调味汁→成品。

3.操作要求

(1) 选用易于成熟的原料或小型原料；

(2) 铁板要事先烧热；

(3) 铁板下面要垫有隔热的容器；

(4) 原料倒入时，速度要快。

4.特点

肉质鲜嫩，浓香厚味，风味独特。

5.相关菜例

铁板鱿鱼、铁板牛柳、铁板扇贝、铁板大虾等。

项目6

ITEM SIX

以微波及红外线为传热介质的烹调工艺

▲ 披萨

Microwave
Infrared

任务一 泥烤法

1.概念

泥烤是一种特殊的烹饪方法。其制法是：将鸡、鱼等原料经调味品腌制后，外用猪网油、荷叶等包扎好，再用黏土（也可用面粉团代替黏土）将其密封，放在火中烤制的一种方法。因原料是在密封状态下烧烤的，因而制品原味浓厚，芬芳扑鼻，具有特别的风韵，如叫花鸡等。烤制时火不可过大，且要勤翻动，煨烤时，如发现裂缝要马上用黄泥封好，防止烧及里面的原料，造成表皮焦枯。

泥烤是烤制技法中一个重要分支，其制法别致、繁简适宜。泥烤技法源于民间，相传一乞丐不知从何处捡到一只鸡，因无锅无灶，便把鸡宰杀后用稀泥巴裹紧，放在柴火上烧烤。最后，泥干肉熟，打开外壳，连同鸡毛一并剥光，刹那间香气扑鼻，乞丐美美地饱餐了一顿。后来，这种方法被餐馆效仿，并加以改进完善，逐步形成了泥烤这种烹调方法。

在没有火的情况下，现代方法将包裹好的原料放在炭火、烤炉或烤箱内烤熟。用炭火烤时，将原料放在烤架上，紧贴炭火，每半小时翻动一次，一般需烤4小时以上。用烤箱烤制，可将温度调至210°C，烤制2小时后，再调至160°C，继续烤制1.5小时左右。烤好后，将烤熟的原料放在案板上，轻轻敲碎，除净黄泥，揭去玻璃纸及荷叶，整理后装盘即可。

2.工艺流程

选料→宰杀→腌制→整形→包裹→烤制→剥泥成菜。

3.操作要求

(1) 做泥烤菜的原料以小型禽类为多见，如麻鸭、家鸡等。无论采用哪种原料，均需肥壮。

(2) 原料要加工腌制入味。原料腌渍后，在包裹前把葱碎块与熟猪油拌匀，涂在其表面，可使成品更加鲜嫩油润、香气突出、光滑明亮。

(3) 包裹原料时，把泥平摊在湿布上，厚约2厘米，包扎后的原料放在中间，把湿布四角拎起包紧，使其牢牢黏附于原料上，然后揭去湿布抹平，将原料全部包住，不能有漏洞。原料要包紧裹严，烤制过程中，若发现开裂，要随时用黄泥抹平，否则会漏油漏气，甚至烤焦。

(4) 烤制过程中，中途翻动几次，并及时调整火候，使其受热均匀，但小心烫伤。

(5) 根据需要，主料腹内可添加多种辅料，如五花肉丁、板栗块、鲜虾仁、玉兰片、冬菇等，但需事先进行调味。

4.特点

色泽枣红油润，味道咸鲜适口，芳香扑鼻，骨酥肉嫩。

5.相关菜例

叫花鸡、泥烤肘子、烤麻鸭等。

▲柴火叫花鸡

任务二 竹烤法

1.概念

竹烤也是一种特殊的烹饪方法，竹烤又叫竹筒烤，将要烤制的原料，如肉、禽、蔬菜、米等放进竹筒中，密封后在火上烧烤至成熟的一种技法。注意要选择长度在30～40厘米，直径10厘米以上，两头带竹节，且密封状况好的楠竹或毛竹筒来烤制，填入原料后一定要封严竹口，火不要太大，而且不停翻动竹筒，使之受热均匀，烤熟后劈开竹筒取食，原汁原味还带有竹子的清香，简单实用，富有情趣。

2.工艺流程

选料→加工处理→腌制→装竹筒→烤制→成菜。

3.操作要求

(1) 多选用质地细腻的动物性原料，加工成小型形状；

(2) 原料要腌制入味；

(3) 原料装入竹筒时，要装严实，要封严竹口，不要漏油漏气；

(4) 烤制过程中，勤翻动，要小火，使其受热均匀；

(5) 根据需要，主料腹内可添加多种辅料，如五花肉丁、板栗块、鲜虾仁、玉兰片、冬菇等，但需事先进行调味。

4.特点

色泽红润，咸鲜适口，芳香扑鼻，骨酥肉嫩。

5.相关菜例

竹筒烤鸡、竹筒烤肉等。

▲ 竹烤

项目8
ITEM EIGHT
分子烹饪简介

分子厨艺，曾被称为“改变食物和人类关系的烹饪方式”，因为它用到了各种物理和化学原理，所以解释起来，不免也需要用到一些物理和化学知识。

分子烹饪是世界最先锋的美食料理方式。所谓的分子烹饪就是用科学的方式去理解食材分子的物理或化学变化和原理，然后运用所得的经验和数据，把食物进行再创造。分子烹饪最开始的启动者也非职业厨师，而是由一个物理学者（Nicholas Kurti）和一个化学学者（Herve This）所创立的。分子烹饪大厨把食材的味道、口感、质地、样貌利用各种工具和奇异做法完全打散，通过物理或化学的变化，再重新“组合”成一道新菜。简单来说，无非是把固体的食材变成液体，甚至气体食用；或是把一种食材的颜色、形状改变，使其味道和外表看起来都像另一种食材。

分子厨艺并不像你想象中那么神秘，却的确有着震撼人心的魔力。英国分子名厨赫斯顿•布鲁曼索（Heston Blumenthal）说：“分子厨艺的各种先进技术，为我们提供了更多种的烹调的可能性，让人们从日复一日简单的食物中解脱出来，而最重要的是有些时候它可以满足我们心灵的需要，这个技术终将回归到人们的内心，唤醒那些美好的味觉记忆。”

分子烹饪常用的方式就是真空低温烹饪法，低温烹饪是一种最新的烹饪技术，其秉承的是一种全新的烹饪理念，主要是在不流失原材料水分和营养的情况下，利用真空压缩包装机和可以稳定控制温度的低温烹饪机烹制菜肴。早在1974年法国三星厨师Pierre Troisgros就开始研究和使用低温烹饪法，他的初衷是以此减少鹅肝的重量和水分的流失，他成功地使鹅肝的重量在烹饪后只减少5%。同年，Brouno Goussault开始用真空低温烹饪来处理牛肉，而现在真空低温烹饪成为高级西餐厅处理肉类、鱼类的主流，同时也可以处理蔬菜和水果。

一、低温烹饪所需设备

（一）真空包装压缩机

真空包装压缩机的主要作用，在于抽取固定空间里的空气，使物体存在于真空状态下，在日常的生活和普通的厨房中，此设备经常作用于保存原材料。而在低温烹饪中，真空包装压缩机的最主要作用是：它可以作为一种媒介的方式存在于原料和水浴或者油浴之间。在低温烹饪的过程中，我们之所以要使用到真空包装压缩机，是为了让原料的任何一个表面都可以均匀地浸泡在一个非常恒温的状态中，并且不流失原料的水分和营养成分，其重要性是无可非议的。

在低温烹饪之前的真空包装这个简单的步骤中，主要分为低、中、高三种抽真空程度，通过调节真空包装压缩机的抽真空时间和压力大小，来实现三种不同的真空抽取状态，普通的低真空状态不适用于低温烹饪，而中等的真空状态主要用于肉类和家禽类的低温烹饪，而高真空状态作用于蔬菜和水果类的烹制，比如胡萝卜、洋葱，以及各种水果等。

（二）低温烹饪机

低温烹饪机的主要原理在于可以长时间控制温度，从而达到恒温的效果。其主要的恒温温度在25°C～99°C，恒温温度控制范围在1°C之间，并且温度可调范围精确到小数点后面一到两位。低温烹饪机质量可靠而且操控稳定，是其在长时间烹饪过程中必不可少的重要前提条件。

二、低温烹饪的原理及注意事项

（一）低温烹饪的原理

低温烹饪的主要原理在于保持了食材的营养成分，以及原料的水分，并且在长时间恒温的状态下使原料的口感相对普通的烹饪更胜一筹，而且在烹饪之后，原料相比普通的烹饪更加入味，所以在烹饪之前，不需要长时间的腌制过程，甚至在烹饪有些原料时，只需要加入盐调味即可，甚至不需要任何的调味和腌制。

（二）低温烹饪的注意事项

在进行低温烹饪时，需要注意，在烹饪之前的腌制和调味时，切忌使用含有高浓度酒精的调味剂，因为高浓度酒精的调味剂会在恒温的状态下严重破坏肉类原料的蛋白成分，甚至导致肉类失去原有的口味和口感。

在低温烹饪中，我们会被引导进一个误区，那就是低温烹饪的过程中，我们可以使用更低的温度，利用更长的时间去烹制菜肴，这个严重的误区会导致错误的烹饪过程，并且产生严重的后果。因为在50°C以下的温度长时间烹饪菜肴时，并不能达到巴氏消毒法的严格要求。在国外曾经发生过没有按照严格的巴氏消毒法而导致的意外食物中毒事件，并且原料在较低的恒温状态下产生的细菌会产生致命的效果，所以，低温烹饪的温度原则上来说应该等于或大于65°C，以进行杀菌。因为细菌生存的理想温度是4°C～65°C。而且真空低温烹饪最好不要超过70°C，以减少水分和口味的流失。特别是在制作低温鸡蛋的时候，其温度应该严格控制在64°C～65°C，在这个温度中烹饪的鸡蛋，首先口感达到了极佳的效果，而且也符合了正规烹饪的消毒要求。

▲ 海鲜分子料理

三、低温烹饪的优点

（一）低温烹饪操作优点

1.最小限度地减少浪费。

2.剩余部分可以冷藏。

3.比烤箱和煤气灶节省能源。

4.能减低厨房的油烟污染。

5.不同的食物能通过单独包装同时烹饪。

6.不需要特别的厨师，人人都可以操作并达到理想的效果。

7.赢得更多的准备时间。

（二）低温烹饪美食优点

1.最低限度地减少水分和重量的流失。

2.保留食物的原味和香料的香味。

3.保留食物的颜色。

4.减少食盐的使用，或者可以完全不用。

5.保留食物的营养成分，分离食物原汁和清水。

6.比蒸、煮更能保留维他命成分。

7.不需要油或者只需要极少的油。

8.保证每次烹饪的结果都是一样的。

9.真空低温烹饪可以最大限度地使厨房进行提前准备，因为经过真空低温烹饪的食物可以冰冻或冷藏，需要的时候再次进行加热即可。

四、低温烹饪的运用

在海鲜类原料的烹饪时，低温烹饪的表现特别显著，其烹饪的过程中，可以保持海鲜类原料的高蛋白成分，烹制的海鲜口感可以达到非常鲜嫩的效果，并且烹饪之后的原料的色泽可以保持和烹饪之前相同的效果。又如利用低温烹饪蔬菜时，适当地加入黄油，可以保持蔬菜烹饪之后色泽更加鲜艳，口感也会达到一个另人满意的效果。